U0010530

打 造 零 汙 染 的 永 續 農 法 及 居 家 菜 園

魚菜共生
AQUAPONICS

陳登陽 / 林琨堯 / 黃昶立————著

晨星出版

　　魚菜共生（Aquaponics）在臺灣的發展，自2011年6月本人在陽臺設立系統和建立臺灣第一個魚菜共生部落格「魚菜一家」以來，至今已經6年多。在過去的3年多期間，經由業者和學會、協會等單位的積極推廣，魚菜共生在臺灣無疑是世界上成長最快速的國家。目前學校裡的教學系統約有100多個，個人和家庭式的系統估計約有7000個，最大的臉書社團成員人數超過2萬3千人，中大型的農場超過40個，其中有10幾家是量產型的商業魚菜共生農場。然而過於快速發展的背後也有隱憂，如教師良莠不一，操作方法各異，未能顧及環保面向與確保產品安全等問題。

　　中華民國魚菜共生推廣協會自2015年2月成立以來，除了到各級學校、社區、公私立團體推廣魚菜共生外，更積極草擬並於2016年1月頒布魚菜共生農場基礎認證辦法，為魚菜共生標準化作業和產品的安全提供一個參考和遵循的方向。

　　關於產品安全，魚菜共生有一個難能可貴的優點，可是往往被不了解的人所忽略，這是非常可惜的。所以我在此稍做說明：魚是冷

血動物，除非受到外在環境的汙染，其體內是沒有大腸桿菌、沙門氏菌等病原菌，也沒有已知的人畜共通的疾病或寄生蟲。因此我要提醒同好們務必採取適當措施，避免系統受到溫體動物排泄物的汙染。這些汙染可能來自水源、禽畜、堆肥、培養土等。尤其是您種的菜是以生菜為主更需注意。因為唯有如此重視安全，才能彰顯魚菜共生的特點，也才能獲得消費者的信賴。

為了減少前述因快速發展所面臨的問題，協會自成立之初即開始規劃出版一本給初學者參考的工具書，經過同仁們在這期間的努力，這本書終於完成。本書以淺顯易懂的方式說明魚菜共生的原理和正確的觀念外，也教導如何自行製作虹吸管，如何建造各種不同型式的系統。所以是一本值得初學者收藏的參考書。感謝所有理監事們的付出和支持，尤其是負責編撰和資料收集的琨堯祕書長和昶立理事。也感謝所有贊同協會理念並為文推薦本書的學者、長官、企業主等賢達人士。協會當本於宗旨，繼續推廣魚菜共生並積極推動臺灣魚菜共生產業的正常發展而努力。

——中華民國魚菜共生推廣協會理事長　陳登陽

　　魚菜共生的操作可以把線性的、浪費的、汙染的資源使用方式，轉變成一個封閉的循環模式，是值得推薦的理念。本工具書提供魚菜共生實做的相關細節，並介紹國內外發展的情形，是操作魚菜共生於本地扎根並連結世界的最佳參考，尤其有助於新手快速進入魚菜共生的殿堂。

——農委會農業試驗所副所長　蔡致榮

　　接續史上最高溫多災的2016年，世界各國仍然在2017年的熱浪、乾旱、豪大雨、超級颱風、強烈地震的衝擊下掙扎，全球暖化帶來的極端氣候與環境劣化已經日益嚴重，除了全球一致的強力節能減碳外，更要加速的推動地方階層的因應與調適行動。臺灣的氣候變遷災害風險甚高，政府的政策、企業的投入、民眾的參與都是減災、防災的重要環節，「魚菜共生」就是因應與調適行動的有效關鍵方案之一。看到「魚菜共生推廣協會」不但投注心力身體力行，還出版專書與大家共享經驗，確實讓人十分敬佩。就如俗語所說：「開卷有益」，願大家都從中獲得寶貴的益處。

——中央研究院地球科學研究所兼任研究員　汪中和

基隆海事在105學年度推動科際整合結合食農教育的理念，發展出食農教育示範農場「魚菜共生系統」，期待系統的運作帶動各科的連結產生特色課程，成為食農教育推動的典範。而這套魚菜共生系統可得以順利完成，皆賴陳登陽老師親臨指導規劃，方有今日規模，對此首先表達至深感謝。

　　接獲陳老師和協會同仁共同完成的新作初稿，拜讀之後，感受它是學習魚菜共生不可多得之工具書，書中介紹國內外魚菜共生發展的情形，也用淺顯易懂的方式，讓讀者了解運作原理及如何製作小型系統的材料、工具和步驟，相信這本書是想要接觸魚菜共生者夢寐以求的好書。陳登陽老師了解魚菜共生，有理念、肯付出，更願意分享並傾囊相授，絕對是我們學習路上的良師益友，陳老師，謝謝您！

——基隆海事校長　陳世程

　　魚菜共生是永續環保的農業技術，然而要如何進入這個領域呢？推薦大家可以由這裡開始。這是一本入門書，帶領讀者了解魚菜共生的原理、發展及各種系統的介紹，可以快速地具有相當的概念。對於想要打造魚菜共生系統的朋友，這更是一本必備的工具書，有詳實的說明、解答可能遇到的問題，以及各種資源的介紹，本書是您的不二選擇！

——銘傳大學健康科技學院院長　吳慧中

在臺灣目前致力於推廣新農業—魚菜共生的民間組織，有中華民國魚菜共生推廣協會及臺灣魚菜共生學會等團體，目的都是共同將魚菜共生系統推廣介紹到國內包括社區、校園，甚至普及到各家庭。此一風潮正方興未艾，值得讚許！今中華民國魚菜共生推廣協會在大力推廣之下，出版了一本完整介紹有關魚菜共生系統的來龍去脈，由歷史到現今最新硬體設備等，從理論學理與實際從事此項新農法之經驗，內容無比豐富，可看到作者群之用心，希望此書的發行，更能帶動國內各族群對魚菜共生有更深一層之認識，不只局限在水耕及植物工廠之作物，在現今注重養生及食安的時代，希望藉由此專書的上市，更能將魚菜共生的優點發揚光大！

——中華科技大學食品科學系副教授　劉清標

蔬菜、水果與魚肉是每日健康飲食所不可或缺，「魚菜共生」提供給我們一個家居農場、漁場的DIY方案。不但可以生態養殖、吃的新鮮安心、怡情養生；還可以社區營造、鄰里互助，透過合作社與互聯網，社員分工生產、共享多樣食材。

設想在一個腳踏車就可採收、分裝、配送的範圍，把各家戶會員的魚菜共生池圃連結成供應網，產出所餘還可用於照顧村里中的獨居長者，打造健康、環保、互助、共享的都會住宅區。

——統一企業烘焙事業群經理　姚力仁

魚菜共生是從古代即已衍生的農漁業智慧，在水資源有限、沒有農藥與化學肥料的古代，帶給農民一片小確幸農田的豐收期待。隨著時代的演進，農業生化科技雖帶來了農業量產模式的改變，但也給地球帶來難以挽回的浩劫，在氣候更為異常的今天，農業種植模式更將農漁業從戶外搬進了大樓內，耗用大量的能源，提供光照、溫控與養分來源，再將廢棄物排回到河裡，實值得我們省思。

　　中華民國魚菜共生推廣協會陳理事長登陽先生，退休後號召一群熱愛自然、秉持對於自然關懷的團隊，推行循環經濟中最為核心的理念，開發出兼顧節水、環保、經濟價值與人文省思的魚菜共生系統，協會的理念除受到臺灣眾多媒體的報導外，阿拉伯聯合大公國環境與水資源部副部長、臺灣農試所與水試所的長官，更親臨協會林口基地指導參訪，實值得臺灣生物科技業者學習效法，書中用心整理了協會多年觀察彙整的心得與技術，毫不保留地與有志一同的同業先進分享，本書廣泛而淺顯的內容，更值得我們細細品味。

——金可集團生化事業群副執行長　何信裕

　　「魚菜共生」是一個非常新的概念，兼顧了環保及生產。對於那些天然資源受限的區域，提供了另一種更好的選擇。

——SGS臺灣檢驗科技股份有限公司商務經理　吳彬

安全無毒的食物在現今的有價市場上是遙不可及的，唯有自己種植，親眼所見才能相信。魚菜共生這個結合養殖和種植的循環生態系統可以提供健康、高品質的魚和蔬菜。我有幸擁有這樣的一個農場。感謝陳登陽老師的輔導！

——大溪康田私人農場暨康福搬家公司董事長　康田

魚菜共生是自然生態循環的農耕技術，是人類因應當前糧食困境與找回健康食物的另一種方式。我參觀過無數魚菜共生農場，目前魚菜一家也就是中華民國魚菜共生推廣協會理事長陳登陽先生經營的最成功。所以我推薦他和協會同仁所出版的這本書，也希望協會能繼續帶領魚菜同好和業者向前邁進。

——金鳳梨股份有限公司榮譽董事長　林國義

約兩年前開始接觸魚菜共生，從網路上收集一些圖片後就自行在菜園一角設立了一個系統。因沒有人指導，所以種植的成果一直無法顯現，直到認識陳老師並經過他的指點後，才感受到這個農法的威力和優點，並深深為它著迷。此次看過協會所要出版的這本書後，讓我對魚菜共生的原理和理念有更清楚的認識。其中有關DIY的解說對想親自建立系統的同好們應有很大的幫助，因此我強力推薦給大家。

——魚菜共生農場主人 南僑鋁業董事長　陳恩村

這本書有系統地提供魚菜共生原理、方法、國內外成功案例及經驗，幫助你第一次接觸魚菜共生就上手!

——前中國時報記者　陳映慈

層出不窮的食安事件，有毒或違法的添加物，超標的農藥、抗生素和生長素的濫用等問題，似乎永遠無法有效杜絕。無辜的消費大眾永遠是最後才知道。我們是在自動控制設備上班的科技人，在尋找安全蔬菜的過程中，我們一行人造訪了「魚菜一家」農場，了解到魚菜共生是一個師法自然的循環生態系統，是一個對環境非常友善且符合永續經營概念的農法。尤其令人驚豔的是魚菜產品的口感和品質。於是我們開始定期向農場團購生菜，幾個月下來同事們都非常滿意送來的現採新鮮生菜的品質。藉此我也提醒想購買魚菜共生產品的消費者們，務必找經過協會認證的農場才有保障。此次拜讀協會所即將出版的專書，無論是內容、編排和圖文都很用心且完整，對魚菜仍一知半解的朋友更是一本簡明的工具好書，值得魚菜同好們收藏。謝謝魚菜一家和協會一直以來對魚菜共生理念和對產品安全的堅持和努力，有你們真好。

——科技業　Grace Wu

About half a year back when we look for better-quality salad greens, we had a chance to visit an Aquaponics farm-魚菜一家, which is certified by TAPA-Taiwan Aquaponics Promotion Association, through an introduction by the owner we understand that Aquaponics is a balanced aquatic ecosystem consisting of fish, plant and micro-organisms, which is environment- friendly and sustainable, as no chemical fertilizers needed, no pesticide applied, and no disposal of water. Above all when we tasted the salad greens, we were amazed by its quality and rich flavor, so we decided to adopt the product since then. Both our clients and our chefs are happy as Aquaponics product is indeed a good match to our bakery products and meals. Knowing that TAPA is going to publish an Aquaponics book, I am willing to recommend this book to everyone who is interested or already engaged in Aquaponics. Thanks to TAPA and 魚菜一家for your endeavors in promoting Aquaponics in Taiwan.

——Wendels German Bakery & Bistro／

Co-founder and Masterbaker Michael Wendel

目錄

魚菜共生起源
及系統概論

大型魚菜共生系統始於1997年，美國維京群島大學的詹姆士‧羅克希（James Rakocy）博士，和他的研究團隊設立了大型的魚菜共生系統，因而被尊稱為魚菜共生之父。而目前全球各地的魚菜共生，以植床模式區分為介質式、浮筏式、養液薄膜式、氣霧耕、垂直栽培五種基本的型態。

魚菜共生起源

 ## 魚菜共生的歷史發展脈絡

　　魚菜共生的概念並不是現在才有的，古代人順應自然，依照居住環境，在水上種植可食用的植物。這樣的生產模式，最常被人提到的就是阿茲特克人。

　　阿茲特克（Aztec Indians）是一個存在於14世紀至16世紀的墨西哥古文明王國，阿茲特克人所在的位置有中美洲的古文明存在，因而阿茲特克人融和了墨西哥和中美洲的生活模式而形成新的文明。他們有自己的文字、曆法，在農業上已經採用了灌溉系統。他們編織木筏，並且在特斯科科湖（Texcoco）岸邊水位低淺處打上木椿，綁上木筏，木筏上鋪上泥土，擴大種植的面積；種植的植物直接吸收湖水，這種筏式的耕作方式可視為現今水耕的先驅。

　　另外一種古人的智慧，看到魚類在稻田中游，就順便豢養了魚。在中國廣西省三江侗族自治縣良口鄉的和里村素有養殖禾花魚的傳統，農民利用水稻田養殖禾花魚。在田裡種植稻米、在田間養殖魚類提高稻田利用率，增加食物來源。

中國的浙江省麗水市的青田縣大概在西元800年唐朝時就在稻田中養殖魚類。唐朝的《青田縣誌》中記載：「田魚，有紅、黑、駁數色，土人在稻田及圩池中養之」。青田縣方山鄉的龍現村被譽為「中國田魚村」。稻田中養魚也變成當地的觀光特色。

亞洲不只中國有這類的模式。泰國、印尼等東南亞國家也有稻田中養魚類的歷史，養殖的種類包括：鯉魚、鯽魚、泥鰍、黃鱔、田螺等。古代人沒有現代化的農藥肥料，更要找出適宜環境的方式，增加產出不同類型的食物。

在臺灣先民也有類似的耕作模式，清朝藍鼎元在西元1722年發表的〈紀水沙連〉一文中寫到：「嶼無田，岸多蔓草，番取竹木，結為桴，架水上，藉草承土以耕，遂種禾稻，謂之浮田。」

藍鼎元描述的是水沙連嶼（即今日月潭中的拉魯島，邵語：Lalu。原稱光華島，後更名為邵族傳統稱呼拉魯島），島上的邵族約300年前就有「浮田」的耕作方式。翻譯古文如下：「島上沒有田地，岸邊有

許多蔓生的野草，原住民取來竹子、木頭，編結成浮筏，將筏架設在水上，然後鋪上草與樹枝等，鋪上土壤來耕種，種的是稻子，稱之為浮田。」

原住民百年前的巧思成為臺灣傳統水耕工法的資產，各地也廣泛應用，例如花蓮縣壽豐鄉的客家先民，也用竹子圍成三角形種上水生植物，用以淨化水質、美化景觀。嘉義縣東石鄉的居民用木框種植水筆仔，放在海口來和緩海浪對海岸的沖擊。

這種人工浮島的概念現在也被利用在生態環保上，人工浮島上的植物可以協助湖泊或埤塘處理水質。生態浮島除了淨化水質，還能美化景觀、提供鳥類食物來源和棲息地。

近代的魚菜共生的學術性研究與科學化實驗，始於1970年代到1980年代中期。美國北卡羅萊納大學的馬克·麥可莫特瑞（Mark McMurtry）設立了第一個密閉循環的系統。

大型魚菜共生系統始於1997年，美國維京群島大學的詹姆士·羅克希（James Rakocy）博士，和他的研究團隊設立了大型的魚菜共生系統。在詹姆士·羅克希的規劃中，總水體一百噸，養殖桶總水體約有三十噸，約兩百平方公尺的種植面積。詹姆士·羅克希本身是魚類專家，他利用浮筏式種植蔬果，並比較土耕與魚菜共生的產量。因為羅克希在維京群島大學

（University of the Virgin Islands）任教，所以這樣
的規劃與系統也被稱為「UVI」系統。

　　詹姆士・羅克希的研究引起相關專家的注目，因此
世界各國多個大學逐步開展魚菜共生相關技術研究，
探索大規模魚菜共生農業生產的技術方法。而詹姆
士・羅克希也被譽為「魚菜共生之父」。

位於宜蘭冬山鄉的人工浮島，具生態環保功能。

魚菜共生全球發展概況

　　當代魚菜共生系統的崛起，可以說是源自於水產養殖漁業的需求。水產養殖業者始終期望能找到一種養殖方法來降低對土地、水和其他資源的依賴。

　　傳統上，魚隻都飼養在大型的池塘中或是在海岸邊所圈設的網架養殖場裡。然而在過去35年當中，隨著循環水產養殖系統（Recirculating Aquaculture Systems）的使用，魚隻養殖方式開始產生變化。

　　循環水產養殖系統的優勢是魚隻的養殖密度提高，因此只要有少量適當的水以及空間，便可以產出和水塘飼養一樣的漁獲量。

　　魚菜共生（Aquaponics）這個詞彙常常與美國新鍊金術協會（New Alchemy Institute）和北卡羅萊納州立大學（North Carolina State University）的馬克・麥可莫特瑞（Mark McMurtry）博士所設計出的多種養殖系統相提並論。

　　1969年，約翰・托德（John Todd）、南西・托德（Nancy Todd）和威廉・麥克拉尼（William McLarney）共同創立了新鍊金術協會，他們最後努

力開發出方舟（Ark）養殖系統的原型架構。方舟養
殖系統的設計是一座採用太陽能發電、自給自足、提
供一家四口一年所需食用之魚類和蔬菜的室內養殖
場。

　　在1970年代同時，一股使用植物做為魚類養殖
天然過濾系統的研究興起，其中最著名的便是後來
被稱為美國魚菜共生之父、曾任教於維京群島大學
（University of the Virgin Islands）的詹姆士・羅克
希（James Rakocy）博士。到了1997年時，詹姆
士・羅克希和他的研究夥伴已經發展出使用水耕植床
的大規模魚菜共生系統。

　　另一方面在1980年代時，馬克・麥可莫特
瑞（Mark McMurtry）和道格・桑德斯（Doug
Sanders）教授共同創造第一座封閉迴路式魚菜共生
系統。在這座系統中，從魚缸流出的水進入灌溉在沙
石植床上的番茄和小黃瓜，而這沙石植床也扮演了生
物過濾的角色，因為流經沙石植床的水最後也回到了
魚缸中。馬克・麥可莫特瑞的研究和發現佐證了魚菜
共生系統可行性的基礎。

商業用途的魚菜共生系統

第一座大型的商業用魚菜共生是在1980年代中期建立在美國麻塞諸塞州（Massachusetts）的安默斯特（Amherst），直到今天，這座商業用魚菜共生系統仍在持續運轉和產出。

在1990年代早期，美國密蘇里州（Missouri）的Speraneo夫婦檔農夫，把養殖吳郭魚2200公升水槽中的水引進礫石床中來種植香料和蔬菜。雖然礫石床數十年來早已經廣泛使用在水耕種植的領域中，然而Speraneo這對夫婦是第一個將其有效地應用在魚菜共生系統當中。在這之前，魚菜共生系統都是採用一般的沙石做為媒介。這套系統非常有效且產量可觀，並被廣泛地複製使用。

家庭用的魚菜共生系統亦受惠於Speraneo夫婦所創造的系統，這些家用系統的養殖者甚至撰寫、出版養殖手冊，變成家用型養殖者欲投入此產業的跳板，並且傳播到世界各地。

另一方面，加拿大於1990年代也看出魚菜共生系統在經濟上的前景，因此首先著重在設置可產出高價值作物的魚菜共生系統，譬如養殖鱒魚和萵苣。

魚菜共生在北美洲之外的近況

魚菜共生在澳洲的發展起因，肇始於養殖者洞察出魚菜共生系統，能夠解決澳洲內陸當地水資源的短缺以及良好土壤的取得的困難。喬爾·麥爾坎（Joel Malcom）首先於2006年發起運動並成立論壇，撰寫書籍教導大眾如何在自家後院建立魚菜共生系統，同時生產及客製化家用型魚菜共生系統所需的設備。喬爾·麥爾坎目前在澳洲設立魚菜共生系統的零售中心，同時於2007年開始編輯出版《後院魚菜》（Backyard Aquaponics）雜誌。

除了喬爾·麥爾坎以外，具有學術背景且實務上擁有魚菜共生商業運轉操作經驗與知識的威爾遜·萊納德（Wilson Lenard）博士，也是澳洲魚菜共生的指標人物。威爾遜·萊納德的研究，是側重在如何優化使用魚菜共生系統養殖澳洲莫瑞鱈魚和綠橡萵苣；整個研究過程是透過科學性複製實驗魚菜共生系統來完成。他證明了魚隻和蔬菜在系統中的優化平衡可以達成，所以一樣的水能夠在系統中持續長期使用。

這意味著，如果你的設計和操作正確，系統中的水根本不必移除，讓魚菜共生系統有條件成為當今世界最有效的食物生長技術。除此之外，魚菜共生系統具有最不傷害環境的潛能，主要乃因為沒有養殖廢水和化學養液的排放。

魚菜共生系統在發展中國家的倡導

在加勒比海地區中，目前以家用型魚菜共生系統為主，將農產品銷售給觀光客並減低對進口食物的依賴。

在孟加拉，由孟加拉農業大學（Bangladesh Agricultural University）農業系教授M. A.薩拉姆（M. A. Salam）博士所領導的一個團隊正在研發一套低成本且提供無化學汙染的蔬菜和魚隻的魚菜共生系統。這套系統主要是針對氣候地理環境較為惡劣的地方，例如：土壤鹽分較高的南部地區和易於受到水災侵犯的東部區域。薩拉姆擬研發的架構乃適合以微量生產為目標，同時適用在社區或個人需求的農業系統。

美國的社區型魚菜共生系統

在美國中西部的威斯康辛州（Wisconsin），有一家非營利組織Growing Power，提供給該州密爾沃基市（Milwaukee）的青年有關魚菜共生的工作機會和訓練，讓他們種植農作物來供給社區食物。

Growing Power 已經採用魚菜共生系統來生產作物超過20多年。這家兼有非營利組織角色的都市農場，擁有美國中西部最大的魚菜共生系統。當地人喜愛食用湖中的鱸魚，並常以油炸鱸魚做為餐點。然而，由於長期受到汞的汙染，五大湖中的鱸魚隱藏著食用的風險，因此Growing Power所生產的鱸魚，成為當地

消費者的食材來源之一。

　　Growing Power在地面挖掘約7英呎深的坑洞，搭建飼養鱸魚的水槽。如此，可利用土壤讓水溫保持穩定。一年中約有10個月的時間，水體皆保持在華氏68度，即攝氏20度左右的狀態，而這溫度恰好最適合鱸魚生長。

　　Growing Power的創辦人Will Allen原是一位專業的籃球員，曾擔任寶僑家用品公司（Procter & Gamble）的業務行銷。在1993年買下一座溫室後就開始逐步建立都市農場的構想。Will Allen認為，唯有在都市中建立農場，不再仰賴鄉間農場的遠程運輸，才可以讓居住於都市中的所有市民，都能立即有新鮮的蔬果以及優質的蛋白質可以食用。Will Allen於2016年一次公開的談論中表示，魚菜共生是美國當今發展最快速的農業模式，也是未來農業模式會發展的方向。截至2016年為止，Growing Power每年規劃的營運預算約5百萬美元，而在過去10年當中已經訓練出超過1000位可以建立與操作魚菜共生系統的專業人員。

　　The Plant是一家位在芝加哥都市農場及綠化產業的孕育者。他們在公司大樓地下室建立魚菜共生系統，目前逐漸擴大規模中。

　　Whispering Roots是一家位在內布拉斯加州（Nebraska）奧馬哈市（Omaha）中的非營利組

織。他們利用魚菜共生、水耕和都市農場的系統，在當地養殖及提供新鮮且健康的農作物給該州一些社會經濟條件較貧困的社區。

歐洲聯盟的魚菜共生發展

　　歐盟在2000年開始便關注魚菜共生的發展，並成立了歐盟魚菜共生整合中心（EU Aquaponics Hub）。這個中心建立的目的是要實踐如何整合魚隻和蔬果在歐盟的持續生產，透過連結整個歐盟甚至歐盟以外的專家，來共同研究及了解魚菜共生系統的科學基礎和技術，並透過創新和教育方式，來讓魚菜共生成為提供歐盟對於新鮮魚隻和蔬果的來源選項之一。

　　由於歐盟成員國深切體會到，在食物供應，以及因應氣候變遷及其他挑戰所帶來之水資源匱乏、食物安全、都市化擴大、能源的節約、碳排放與食物里程的減少等議題上，魚菜共生扮演了一個重要的角色。歐盟過去在水產養殖和水耕及園藝栽種技術上，均享有全球獨步的高階技術和科學基礎。在這個基礎上，歐盟堅信魚菜共生整合中心，可以在歐洲地區促進魚菜共生的推廣，並且帶領全歐盟成員在其設計的研究計畫下，透過整合全歐洲的水產養殖學者、水耕及園藝專家、工業設計工程師和經濟學家等，來為歐洲培養訓練一批新的魚菜共生專家。

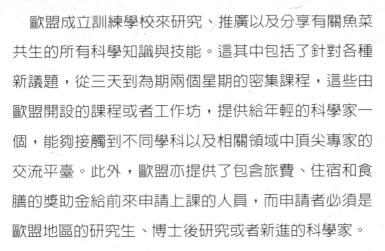

　　歐盟成立訓練學校來研究、推廣以及分享有關魚菜共生的所有科學知識與技能。這其中包括了針對各種新議題，從三天到為期兩個星期的密集課程，這些由歐盟開設的課程或者工作坊，提供給年輕的科學家一個，能夠接觸到不同學科以及相關領域中頂尖專家的交流平臺。此外，歐盟亦提供了包含旅費、住宿和食膳的獎助金給前來申請上課的人員，而申請者必須是歐盟地區的研究生、博士後研究或者新進的科學家。

　　另一方面，歐盟魚菜共生整合中心，將側重三種環境下的不同系統，包括了都市地區，也就是城市中的農業魚菜共生系統；再者，開發中國家的魚菜共生系統，確保當地民眾的食物安全；最後，則是工業級的魚菜共生系統，包含在歐盟地區提供較具競爭力的系統，有效成本的發揮，健康以及可以永續發展的在地食物生產。

魚菜共生在日本的發展

　　目前在日本有一個比較具有代表性的魚菜共生機構，就是「日本魚菜共生公司」（日本アクアポニックス），然而創辦人卻不是日本人，而是由一位名為亞拉岡・聖查爾斯（Aragon St-Charles）的西方人在主持這項計畫。亞拉岡・聖查爾斯在來到日本之前，已經有超過十年的時間在從事有關魚菜共生的推廣與

經營。亞拉岡‧聖查爾斯表示自己是受到美國魚菜共生之父詹姆士‧羅克希的啟發，開始從水族箱飼養開始，然後再慢慢投入魚菜共生的養殖與種植。

2011年春天，日本受到311大地震的衝擊，亞拉岡‧聖查爾斯決定設立魚菜共生公司，來解決災區遭受地震與輻射在食物安全取得上的挑戰，並且希望藉由這機會可以把這項新型農法，推廣到全日本更多地方，讓日本的農業經濟發展有更多的選擇。基本上該公司的策略是朝向推廣商業化生產以及個人園藝愛好兩個主軸，希望這兩個主軸所帶來的產出，都能對一般家庭產生助益。

值得一提的是，這間公司成立之後，最先著手策劃的事情是，思考如何對日本民眾進行有關魚菜共生的教育。由於一般大眾從未聽聞過魚菜共生，這項結合水產養殖與水耕種植的農業技術，也不清楚其運作方式以及環境和人們如何從中獲得益處。為了讓日本大眾明瞭魚菜共生與水耕種植和傳統土耕的差異，以及魚菜共生可以如何運用在水資源的保護、食物取得的安全性和來源的增加等議題，他們有系統地設計了課程，並主動到各地的學校、相關產業以及地區性的社團，去示範講解和推廣魚菜共生的起源、理論和應用。同時該公司也歡迎並主動和媒體聯繫來增加其媒體曝光。

魚菜共生系統介紹

目前全球各地的魚菜共生，以植床模式區分為介質式、浮筏式、養液薄膜式、氣霧耕、垂直栽培五種基本的型態。一一介紹如下：

介質式

介質式（Media-based）是透過介質來種植植物，目前廣泛應用的介質有發泡煉石、水陶石、火山石、碎石等。介質的好處是讓植物的根部容易攀附，因此種果樹類比較容易支撐，而且也適合種植根莖類植物，如芋頭、蘿蔔、薑等。介質床一方面可以當做簡單的過濾系統，另外也可以讓硝化菌有地方居住附著；所以介質式的植床也是較容易入門的方式。介質還有另一個優

點，種子可以直接灑播上去，讓種子在植床上直接發芽。但是介質床也是有缺點，例如夏季高溫會讓介質吸熱，導致植盆表面溫度高。另外介質式植床上也容

易累積灰塵雜物和提供害蟲躲藏的空間，較不易清
洗。

 ## 浮筏式

　　詹姆士・羅克希（James Rakocy）「UVI」系統
利用的浮筏式（Raft-based Systems or Float Raft or
Deep Water Culture），由於管理方便與建造成本相
對低廉，因此成為全球各地商業農場最常使用的魚菜
共生系統。浮筏式的好處是讓植物的根系可以自由地
發展，也有人研究過相同的葉菜類在浮筏式的成長速
度也較快。浮筏式需要
的水體較大，過濾部分
也需要另外規劃過濾系
統。浮筏式也是養液水
耕常用的模式。

養液薄膜式

養液薄膜式（Nutrient Film Technique）也是養液水耕常用的方式，另也有人稱管道式或管道耕。薄膜式因水體小、重量輕，通常被利用於立體階梯式的設計，在有限的空間做較大的利用。養液薄膜式有方形管、圓形管和橢圓管，通常要考慮植物的根系發展來選擇；一般的看法，方形管優於圓形管。薄膜法使用的水體相對於浮筏式較小，因此比較容易受到環境溫度變化的影響，亦即管道間的水溫會隨環境溫度快速變化而影響整個系統水溫；因此像臺灣的氣候，盛夏期間就不太適合。

另外，發展旺盛的根系，也會影響水的流動，嚴重時甚至阻塞水流，讓水無法順利循環流動。這也是管耕管理上較麻煩的部分。

氣霧耕

　　氣霧耕（Aeroponics）是利用細小的噴頭將養液噴出成霧狀，讓植物根系在噴霧中吸取養分。植物的根系也可充分的與空氣接觸，養分及空氣頻繁的交替讓植物長得更迅速。目前在魚菜共生氣霧耕的方式中，尚有一些問題需要克服，關鍵在於魚菜共生中的水體是有固體物的，得過濾達到不阻塞噴頭。因此魚菜共生系統較少採用氣霧耕的方式。氣霧耕在設計上需要更精密的規劃，過濾系統須比較細密。另外動力部分也必須比一般系統多一組動力，做噴霧的用途。

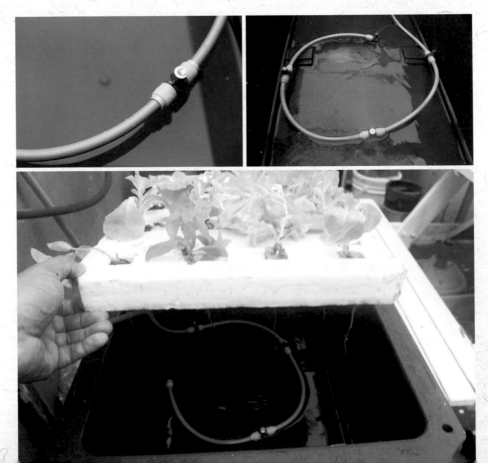

垂直栽培

　　土地空間有限，加上商業規模種植追求坪效；往上發展的垂直栽培法（Vertical Farming）變成近年來被重視的議題。2009年英國的Paignton Zoo建立了他們的垂直農場（註一），2012年新加坡建立了第一個商業運作的垂直農場（註二）。這種垂直的種植方式也被廣泛利用在魚菜共生上，例如將植生牆、綠牆的設備改成魚菜共生的系統；或是利用水管、盆栽零件改裝成垂直栽培設備。垂直栽培跟養液薄膜式（Nutrient Film Technique）有類似的優缺點，另外打水的設備也須考慮能達到垂直栽培所需的高度。

註一：Paignton Zoo**垂直農場介紹**：https://www.youtube.com/watch?v=EURY89IHOoY
註二：**新加坡第一個商業運作的垂直農場**Sky Greens：http://www.skygreens.com/

　　其實各種模式各有利弊，您在規劃時可以依照場所和個人的喜好與需求，選擇一種或多種方式規劃自己的魚菜共生系統。

魚菜共生
的生態循環

Chapter

2

魚菜共生微妙地複製了天然的水棲生態系統。帶有魚隻代謝與排泄物的水，經過抽水馬達的幫助，灌溉了水耕植床上的蔬果；同一時間，蔬果與微生物也吸收、轉化水中的有毒物質，讓乾淨的水再度流回魚隻所居住的水缸中。同樣的水反覆在系統中循環，唯有植物吸收蒸散以及撈捕魚隻時才會耗損少量的水。

魚菜共生原理

　　魚菜共生微妙地複製了天然的水棲生態系統。帶有魚隻代謝與排泄物的水，經過抽水馬達的幫助，灌溉了水耕植床上的蔬果；同一時間，蔬果與微生物也吸收、轉化水中的有毒物質，讓乾淨的水再度流回魚隻所居住的水缸中。同樣的水反覆在系統中循環，唯有植物吸收蒸散以及撈捕魚隻時才會耗損少量的水。

　　由於Aquaponics魚菜共生系統結合了魚隻的養殖和植物的種植兩種不同的育作技術，亦即水生與陸上兩種生態的共存，所以，發展之初將Aquaculture（水產養殖）和Hydroponics（不用土壤來栽種植物）兩個辭彙，依據系統的特徵拆解後，創造了Aquaponics這個新的單字。

Aquaculture ＋ Hydroponics ＝ Aquaponics

　　但若更精確地以中文來詮釋魚菜共生，必須補上一個重要的角色，就是微生物。魚體排放中的氨，經過多次微生物的分解。轉化成硝酸鹽，而硝酸鹽正為

魚菜共生原理簡介

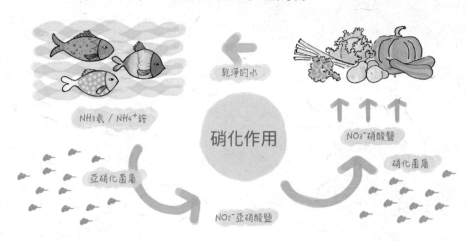

乾淨的水

NH₃氨 / NH₄⁺銨

硝化作用

NO₃⁻硝酸鹽

亞硝化菌屬

硝化菌屬

NO₂⁻亞硝酸鹽

魚菜共生原理：利用硝化作用，將魚排泄的氨／銨轉化成植物所需要的養分。

植物所需要的主要養分。植物吸收水中的銨、亞硝酸鹽、硝酸鹽這些對魚有害的物質，而這些有害的物質對植物來說反而是成長的養分。這樣由魚、微生物、植物三者架構出來的仿生態系統，構成現今魚菜共生系統的基礎架構；在學術上我們以硝化作用來說明（如上圖）。而系統中其他物質的分解，如魚糞、殘餘的少部分魚飼料，也依賴微生物的分解。因此以字面上「魚菜共生」四個字來解釋Aquaponics是不足夠的。所以，我們希望可以稱為「養殖農業」，因為涵蓋的領域較為廣泛，而且是種產業。

　　因為魚菜共生系統是一種不排放的循環生產方式，因此成為節省水資源的糧食生產方式，與傳統陸上農

耕相較，可以節省約90%至95%的水量。另外，魚菜
共生系統所需要的勞動力和能源也較傳統農業低，而
在特定的種植面積當中，產出效率比傳統農業還高。
由於不需要土壤，魚菜共生系統非常適合設立在城市
內部或外圍，以及可耕種土壤與水資源取得不易的地
方。此種不施肥與不排放的耕作方式，也是一種友善
環境的耕作方式。

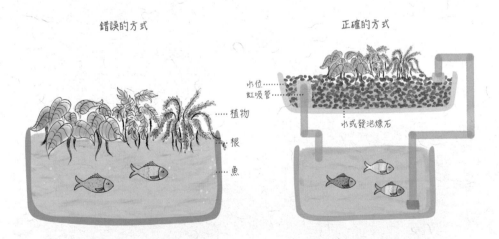

錯誤的方式　　　　　　　　　　正確的方式

植物
根
魚

水位
虹吸管
水式發泡煉石

錯誤原因：魚會啃食根，造成植物成長障礙　　　正確：魚跟植物分離養殖種植

植物生長

　　植物成長的需求要素有光線、水分、適合的溫度、
營養。光線協助植物進行光合作用，養分與水分跟光
合作用供給植物成長。

　　植物的生長需要不同的養分，不同的養分幫助植物
不同的部位成長。

養分供給植物營養簡表

主要營養供給部位		次要營養供給部位	其他微量營養供給部位
葉	氮(N)　蛋白質	鈣(Ca)：細胞壁	鐵：合成葉綠素、傳遞酵素
花果	磷(P)　核酸	鎂(Mg)：葉綠素	錳：光合作用
根	鉀(K)　光合作	硫(S)：蛋白質	鋅：酵素系統、氮素代謝
用			硼：分生組織生長及醣類運轉與代謝
			鉬(Mo)：固氮酵素及硝酸還原酵素
			銅：葉綠素、同化作用、呼吸作用
			氯：促進光合作用、調節氣孔張合

氣候與溫度

　　各種植物適合的氣候與溫度都不同，舉蕹菜（俗稱空心菜）為例。蕹菜生長的溫度在15℃～40℃下均能生長；但是溫度低於18度或高於35度以上，成長的速度就很明顯地減緩。氣候的條件不只溫度，還包括陽光照度的多少、溼度的高低、通風的狀況。因此若想要將植物種得好，需要考慮架設魚菜共生系統所在地點的環境等因素。

植物病蟲害

　　對於植物有害生物，有動物、植物、微生物。動物包括昆蟲的蟲害、哺乳類鼠害或貓害、鳥害；植物包括了雜草、寄生植物等。但是魚菜共生的系統植物類的草害幾乎是沒有的，而動物的鼠害，鳥害是比較常見的。若植床是暴露在戶外，必須觀察是否有這類的危害。還有像螞蟻也是會在介質床築巢，須注意防範。

　　病害就是由微生物造成的傷害，有真菌性、細菌性的病害。怎麼判斷植物生病了？當植物生病了，外觀會出現變化，健康的植物外觀，葉的部分顏色均勻、有規則，葉面上沒有斑點，也不會有不規則突起、皺褶的狀況。正常健康的莖，外觀挺直、飽滿、顏色分佈均勻，莖與枝葉間沒有異物附著（蟲蛹或蟲卵

等）。根的部分白色為佳，根要多
且密。若出現淺褐色或深褐色則狀
況不佳。

根。

　　植物若生病有可能是蟲害或病
害，什麼是蟲害？蟲害主要受到生
物的危害，當然蟲害是對於我們的定義，蟲類要生存
總是要食用植物。常見的害蟲有節肢動物門中的昆蟲
綱（例如蚱蜢）或蛛形綱的蟎類（例如紅蜘蛛）等。
害蟲們通常藉由「咀嚼」或是「刺吸」兩種模式來品
嘗種植的植物，造成植物受傷進而影響生長。

　　咀嚼式危害由昆蟲直接吃起了植物的葉或莖，若植
栽葉片被咬的面積比率高，會進而影響植物進行光合

蟲害。

作用。光合作用是產生植物的能量的來源，當光合作用減緩，相對也減緩了植物的生長速度。

有些蟲類用刺吸式口器吸取植物的汁液，即為刺吸式危害。刺吸式口器就像是吸管一樣，直接刺入植物組織內部來吸取汁液。有些蟲類吸取汁液的同時也會分泌毒素，抑制植物生長，甚至讓植物生長異常。大致造成的現象有葉片呈現褪色的狀態，甚至營養不良停止生長。

另外一種比較頭痛的危害是病害，植物受到微生物的侵害稱為病害。植物病害依菌種來源大致可分為兩類，真菌性病害與細菌性病害。病害的影響常見病徵有葉斑、葉枯、萎凋等。若為真菌性病害表面有時可看到菌絲。

病蟲害如何防治呢？因為魚菜共生系統一旦噴灑農藥，會影響魚類和微生物的生存，因此無法使用農藥。我們可以透過下列方式來防治病蟲害。

白粉病。

真菌性病害。

生物防治

　　是利用「一物剋一物」的自然現象，透過害蟲的天
敵，將有害植物的族群數量壓制在較低的密度之下，
使這些有害生物不至於有太大的危害。生物防治的
做法，並不是現在才有的，在人類農業歷史上早就有
了，臺灣在1902年日治時期，北部與中部發生吹綿介
殼蟲的嚴重蟲害，當時日本政府從澳洲和夏威夷引進
澳洲瓢蟲，才成功防治吹綿介殼蟲的危害。

　　能捕食昆蟲的包括螳螂、肉食性瓢蟲、草蛉、寄生
蜂、食蟲椿象、蜻蜓、蜘蛛，蛙類也可以。

對付蚜蟲，瓢蟲來幫忙。　　　　　　　瓢蟲幼蟲不要誤殺喔！

草蛉。　　　　　　　　　　　　　　　草蛉卵片。

益蟲蚜繭蜂。

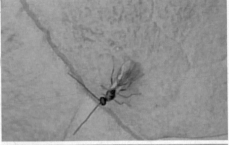

益蟲黑巴達姬蜂。

鹿角貢德氏赤蛙也是防治蟲害的高手。

　　目前草蛉已有商業性販售，可購買草蛉卵片。草蛉幼蟲期10～12天，主要捕食蚜蟲、粉蝨、木蝨、介殼蟲、蟎類。瓢蟲、椿象目前也有廠商小量的供應，而廠商也積極研發更穩定的供應方式。

 ## 黏蟲紙與黏蟲膠

　　也可以透過黏蟲紙與黏蟲膠來防治蟲害，購買時須針對要防治的蟲害種類購買；不同顏色的黏蟲紙吸引著不同的蟲類。有些產品會添加香味吸引蟲類，擺放的方法與位置也要根據害蟲活動的範圍與習性來擺放，才能有效的吸引蟲類來自投羅網。

黃色黏蟲紙。

要放到蟲飛行的路線。

黃色黏蟲紙：果實蠅、蚜蟲、介殼蟲、粉蝨、黃條葉蚤、潛蠅、蝶蛾類。

藍色黏蟲紙：薊馬纓翅目的效果較佳。

綠色黏蟲紙：粉蝨（蔬菜、草莓、茶）、蚜蟲、小綠茶蟬（茶）。

白色黏蟲紙：小綠葉蟬。

 黏蟲膠

用不吸水淺色材料，也可以用寶特瓶、塑膠空瓶、塑膠板等，將黏蟲膠搖晃後均勻噴上，放置到害蟲出沒處。黏蟲膠內有香料引誘昆蟲如果實蠅、瓜實蠅等，讓蟲黏於黏膠上。

寶特瓶噴上黏蟲膠。

 選菜種

　　某些植物會散出異味讓蟲不喜歡接近，叫做「忌避作物」。某些植物種在一起會促進彼此生長，叫做「共榮作物」。若要混種要盡量選擇共榮作物和忌避作物。透過這種混種的方式會減少蟲害，促進蔬菜生長。

忌避作物

蟲名	忌避作物
蚜蟲	茴香、大蒜、馬鈴薯、苧麻、矮牽牛、金蓮、薄荷、苦艾草、蝦夷蔥、金盞、除蟲菊、百日草
夜盜蟲	迷迭香、大蒜、辣椒、除蟲菊
紋白蝶	鼠尾草、迷迭香、西洋薄荷、牛藤草薄荷
潛蠅類	番茄、芸香、艾草菊、鼠尾草、歐洲薄荷、迷迭香、
黃條葉蚤	馬鈴薯、茄子、菜豆、番茄、艾草菊、薄荷類、百日草
椿象	金蓮花
夜蛾	鼠尾草、香草類、歐洲薄荷、大茴香、荷蘭薄荷、苦艾草、迷迭香、一串紅
線蟲	萬壽菊、太陽麻、大理花、金盞花
蛞蝓、蝸牛	苦艾茶、木灰、迷迭香、柏樹皮及葉
螞蟻	艾草菊、荷蘭薄荷、歐洲薄荷、矮牽牛、苦艾草

（只列出部分，可上網查詢農委會、有機農業相關網站）

共榮作物

主作作物	共榮作物
甘藍、芥藍、花椰菜、花菜	大豆、菜豆、芹菜、萵苣、菠菜、胡瓜、番茄、馬鈴薯、洋蔥
芹菜	豆類、甘藍、番茄
菠菜	甘藍、草莓、萵苣、豌豆、胡蘿蔔
萵苣	甘藍、大蒜、菠菜、胡瓜、洋蔥、胡蘿蔔
洋蔥	甘藍、大蒜、萵苣、草莓、胡蘿蔔、番茄、辣椒
韭菜	辣椒

主作作物	共榮作物
球莖甘藍	洋蔥
玉米	菜豆、胡瓜、甜瓜、馬鈴薯、南瓜、豌豆
番茄	蘆筍、胡蘿蔔、芹菜、胡瓜、蔥類、大蒜
辣椒	胡蘿蔔、茄子、蔥類、番茄
青椒	蔥類
草莓	豆類、萵苣、蔥類、菠菜

（只列出部分，可上網查詢農委會、有機農業相關網站）

 搭網或網室

　　在臺灣商業生產的魚菜共生，大多透過網室的方式克服氣候的變化與害蟲的防治。但是一般家庭的魚菜共生系統，比較難搭建專業的網室來使用，因此也可以用簡單的方式搭網來防蟲。搭網只能防範大型的昆蟲如蝴蝶、蛾類等，但也阻止了像瓢蟲、蜜蜂等益蟲來到您的系統。搭網時要注意顏色的搭配，黑色與白色的材料可能對部分民間的習俗有所牴觸。

搭溫室。

天然殺蟲劑

至於天然的殺蟲劑，如有機農業常用到的苦楝油、印楝素（油）、蘇力菌、窄域油等效果說明如下：苦楝油為冷壓植物油類製品，除堵塞昆蟲氣孔導致窒息死亡外，亦含印楝素及多種昆蟲忌避物質，具有讓昆蟲忌避、拒食等多重防蟲機制。也可抑制部分真菌引起的葉部的病害。

蘇力菌屬細菌類，成品是一種結晶孢子囊，孢子囊被蟲類食用後，經食道進入腸內，被蟲類胃液溶解，即釋放出毒蛋白，先造成腸道痲痺，再穿透腸壁薄膜組織，致蟲類死亡。窄域油為石油精煉，在蟲體形成油膜並通過毛細作用進入卵的氣孔、幼蟲、蛹和成蟲的氣門和氣管，導致窒息。

以上幾種天然殺蟲劑，蘇力菌使用在魚菜共生系統是沒有問題的，而苦楝油、印楝油則不建議使用。其他油類如葵無露、窄域油，使用時須避免因噴灑或是雨水沖刷進入水中。因此，除非有把握與水體隔絕，不建議使用。而其他有機農業可使用的生物農藥也須秉持一樣的使用原則，尤其第一次使用，建議先小規模試用，待確認魚類無不良反應，再全面使用。

葵無露。　　　　　　　天然的殺蟲劑。

植物生長評估表

狀況＼影響因素	環境因素	養分因素	病蟲害因素
植物長不好	・日照 ・通風 ・溫度 （水溫或氣溫）	・系統是否成熟 ・魚與菜的比率 　是否合理	・是否有蟲害 ・是否有病害

植物病蟲害處置與防治

分類	外觀	處置	防治
病害	・葉片顏色不均 ・葉片不平整， 　皺褶 ・葉片出現斑點	・問題葉片移除 ・比對查明病害種類 ・建議植株移除重種， 　避免擴散	・通風環境改善 ・降低周遭其他植物的傳 　染 ・跟著季節種恰當的植物
蟲害	・葉片破損 ・枝葉有不明顆 　粒附著 ・葉片不明線條 ・蟲的排泄物	・尋找蟲跡、抓蟲、除卵 ・若葉片被咬食超過三 　成，建議剪除 ・若為蚜蟲、紅蜘蛛等 　較為細小的蟲類可用 　噴水方式抑制擴散 ・若幾天無法排除，建 　議植株移除重種，避 　免擴散。	・可搭簡易網室隔離蟲害 ・防止螞蟻進入系統 　（螞蟻與蚜蟲共生） ・可用蘇力菌等安全對魚 　類無害的有機治劑 ・飼養害蟲天敵生物 ・用黏蟲紙黏蟲膠 ・自行育苗，降低蟲害

 瓢蟲與椿象種類依食性不同，有的吃植物，有的捕食蟲類，有的以真菌為食，有的則捕食蟲又吃植物，少數椿象種類甚至吸食血液。

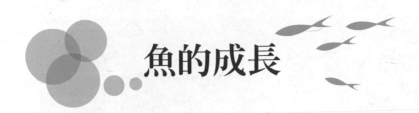

魚的成長

　　魚類良好的成長環境大概有下列要素，適合的溫度、良好水質、給予恰當的食物。而光線對於大部分的魚類並不是完全的必要。魚菜共生的魚類養殖部分，是不換水循環方式飼養的，因此恰當的過濾系統設計是必要的，飼養的概念近似於室內型的循環水養殖系統。

大型系統的過濾箱。

氣候＋溫度

　　因此當魚菜共生系統在挑選養殖的魚種時，需要考慮到魚類的適合溫度。近年來因為氣候的變遷，導致極端氣候的發生。臺灣平地冬季最低溫普遍已經達十度以下。當溫度過低，有些魚種可能會降低進食量導致成長遲緩，進而遭受寒害而暴斃；低溫有時候也會造成魚病，有些疾病好發於低溫狀態。而夏季有些都市因為都市熱島效應而氣溫動輒高達36～38度，高溫一樣會影響魚的成長。

 魚飼料的成分

　　目前飼養魚類的飼料，大多用市面上現成的飼料。魚飼料的營養成分其實是很豐富的，尤其是食用魚的飼料。因為食用魚在飼養時，飼主通常希望達到最高的換肉率（飼料轉換成魚重的比率），因此食用魚的飼料配方上會調配到最大效益。

　　魚飼料的主要成分有下列五大類：

　　一、蛋白質：有分動物性蛋白質、植物性蛋白質，通常動物性蛋白質比率較高比較好。但是動物性蛋白質愈高，飼料售價愈貴。

　　二、碳水化合物：通常是澱粉，大多是馬鈴薯澱粉、樹薯澱粉、麩皮等。也

養殖魚類飼料。

用做黏著劑。

　　三、脂質：魚油為主也用其他動物油，植物性的黃豆油或玉米油也有。

　　四、維生素：酵母粉、酒粕等。

　　五、礦物質：鈣、磷、鎂、鈉、鉀、銅、鐵、鋅、硒、錳、鈷、碘等。

香魚專用飼料。

觀賞魚飼料。

魚類的病害

　　通常是細菌性疾病，細菌性疾病是由細菌類所引起的魚類疾病。若養殖環境惡化，例如水質惡化，讓致病性的細菌突然大量繁殖，致病性細菌會入侵魚類的組織器官，讓魚類造成細菌感染，讓魚產生疾病。魚類的黴菌性疾病也是如此。

魚類的蟲病

　　魚類寄生蟲類疾病主要是來自寄生蟲，寄生蟲可以很快速地蔓延，並且有傳染性。魚類被寄生蟲侵害的

部位會潰爛，並造成細菌的感染，嚴重會造成死亡。但是寄生蟲並不是都是壞的，水體中的微生物或浮游生物跟魚類是共生的。寄生在體內的寄生蟲較少會導致魚類死亡。

魚菜共生的系統中，養殖的魚類發生魚病是比較棘手的，因為怕影響整體系統運作，無法將治療魚病的藥品投入系統中。因此建議「預防重於治療」，保持水體的正常，避免腐爛物質浸泡在水中。遇到太多的飼料殘料或是死亡的魚體都要儘快撈除，避免水質惡化。

魚病另外一個容易被忽略的關鍵因素是外部傳染，所以，建議從水族館及苗場購買的魚隻，都須先進行檢疫隔離。準備一桶含有約千分之三鹽分的檢疫池，將新購的魚隻放置其中約十到十五分鐘，做一個簡單的消毒，更謹慎者是在檢疫池裡放入碘酒，或讓新購的魚暫居檢疫池一至兩週，待魚隻無異常才放入系統。若魚是從溪流捕獲，最好也是做過檢疫再放入系統。

檢疫池。

透過檢疫池確定新購魚的狀況。

循環水養殖系統介紹

　　循環水飼養系統（Recirculating Aquaculture Systems，也有稱為室內養殖系統或高密度集約飼養），是透過過濾系統的設計，讓水持續的循環，降低水的排放。雖然循環水養殖系統在臺灣發展推廣了近三十年，但傳統的魚池放養模式，還是普遍被養殖業者所採用。近年來透過政府與產官學界的推廣，加上民眾認知水資源的缺乏，慢慢的有較多的業者採用。循環水養殖系統除了達到有效節約用水目標，尚有提高養殖密度的優勢。

魚隻觀察重點

活動力	平日要觀察魚的游動狀況，是否平穩，速度是否正常。注意是否有離群索居者。
進食	平日要觀察餵食後殘料，殘料多要降低餵食。餵食觀察是否搶食，飼料殘留多還是少。
外觀	魚體外觀是否有異常，如凸起物、傷口、異常斑點、膚色異常。
排泄物	・魚便粗短，優於細長乾扁或粗細不一。 ・魚便沉底代表魚隻吸收較佳，若魚便漂浮不佳。 ・魚便依飼料種類，顏色不同，深色為佳。若顏色白色甚至於透明則不佳。

魚隻觀察與處理程序

魚隻狀況	現象	可能狀況	處置
活動力	・游動不平穩	・魚隻出現疾病	・建議將魚隻撈至醫療缸，進一步觀察或醫療。
	・游動緩慢，感覺沒精神	・水溫異常 ・魚隻出現疾病 ・溶氧不足	・檢查水溫 ・降低餵食 ・提高溶氧
	・摩擦身體	・可能有皮膚病，注意觀察；準備隔離治療	・建議將魚隻撈至醫療缸，進一步觀察或醫療。
進食	・不搶食或進食異常	・水溫異常 ・溶氧不足 ・飼料過期或變質	・降低餵食提高溶氧檢查飼料
外觀	・外觀異常，甚至有傷口	・魚隻出現疾病或魚隻互相攻擊	・建議將魚隻撈至醫療缸，進一步觀察或醫療。
排泄物	・魚便異常	・魚隻腸胃疾病 ・飼料過期或變質	・降低餵食 ・檢查飼料

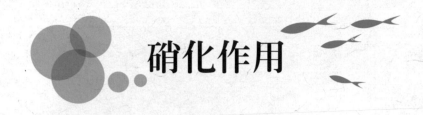

硝化作用

俄國微生物學家謝爾蓋·尼古拉耶維奇·維諾格拉茨基。

　　整個魚菜共生系統運作的核心關鍵就是「硝化作用」。提到硝化作用，就必須先談到俄國的微生物學家——謝爾蓋·尼古拉耶維奇·維諾格拉茨基（Сергей Николаевич Виноградский，1856年9月1日～1953年2月25日）。他是俄國一位著名微生物學家、生態學家，和土壤科學家，他也提出了生命循環的學說。謝爾蓋·尼古拉耶維奇·維諾格拉茨基發現「亞硝化單胞菌屬」和「亞硝化球菌屬」兩種菌，這兩種菌屬能使「氨」轉化為「亞硝酸鹽」；又發現「硝化桿菌屬」能使「亞硝酸鹽」轉化為「硝酸鹽」。在1888年建立了硝化作用的理論基礎。

　　所以「硝化作用」即是「硝化菌」分解「氨」，並將「氨」轉變為「亞硝酸鹽」。「硝化菌」不只是這樣它還可以將「亞硝酸鹽」轉化為「硝酸鹽」。對於魚類來說「氨」、「亞硝酸鹽」與「硝酸鹽」都具有毒性，「氨」和「亞硝酸鹽」較「硝酸鹽」毒；三者對魚類的飼養長期來說都有害。硝化菌在大自然中廣布於土壤、淡水、海水之中，在大自然中硝化作用是

氮循環中的一環。

 ## 氮循環

　　固氮作用、氨化作用、硝化作用、反硝化作用；這四大作用形成了氮循環（Nitrogen Cycle）。

　　固氮作用（Nitrogen Fixation）：將氮轉變成氮化物的作用。固氮作用分自然固氮與人工固氮。自然界的固氮作用是將游離於空氣中的氮氣，轉化為含氮化合物（例如硝酸鹽、氨、二氧化氮）的過程。例如：閃電會讓空氣中游離態的氮產生含氮化合物。豆科植物內的固氮**酶**可將空氣中的氮氣，吸收後轉化為含氮化合物。豆科植物內的根瘤菌。非豆科植物的有放線菌。藍藻如念珠藻、項圈藻等。有些微生物也有固氮的能力，如固氮菌、巴氏梭菌、克氏桿菌、光合細菌。

　　人工固氮是指透過化學方法，使氮氣轉化為含氮的化合物。例如：化工廠做出的硝酸、氮肥等。

　　氨化作用（Ammonification）：把氮轉化成氨的過程。例如：細菌或真菌把動物排放出的排泄物、或植物、動物死亡的遺骸，將其中含氮有機物氧化分解產生氨的過程。

　　硝化作用（Nitrification）：上面介紹過，就不再贅述。

　　反硝化作用（Denitrification）：硝酸鹽的還原為氮氣的過程。

　　在大自然中的硝酸鹽在缺乏氧氣的環境，像是土壤酸化或被水淹時，硝酸鹽會被微生物轉變為氮、一氧化氮等。在河川、湖泊、海中也會有反硝化作用。

　　要特別注意魚菜共生系統中在缺氧的部位也有反硝化作用的形成，硝化菌包括兩個細菌亞群，一類是亞硝酸細菌，可將氨氣轉化成亞硝酸，另一類是硝酸細菌，可將亞硝酸氧化成硝酸。厭氧菌的功能在於將硝酸鹽經過反硝化作用分解成氮氣散失在空氣中，參與這一過程的細菌統稱為反硝化菌。

魚菜共生原理簡介

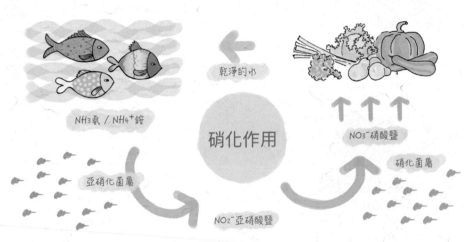

乾淨的水

NH_3氨 / NH_4^+銨

硝化作用

NO_3^-硝酸鹽

亞硝化菌屬

硝化菌屬

NO_2^-亞硝酸鹽

魚菜共生原理：利用硝化作用，將魚排泄的氨 / 銨轉化成植物所需要的養分。

$$NO_3^- \rightarrow NO_2^- \rightarrow NO \rightarrow N_2O \rightarrow N_2$$

硝酸鹽 → 亞硝酸鹽 → 一氧化氮 → 氧化亞氮 → 氮氣

魚菜共生建立的生態循環

　　上一個章節介紹了在魚菜共生系統中，硝化作用可以有效分解魚類分泌出的氨，並將氨轉變為亞硝酸鹽（NO_2^-）、硝酸鹽（NO_3^-）。接下來由植物去吸收硝酸鹽，讓水中的硝酸鹽含量降低，去除水中對魚類有毒的物質，讓水質乾淨，達到不需換水的循環養殖種植系統；這就是魚菜共生的生態循環概念。

　　在大自然中硝化作用一直在運作，硝化作用是氮循環的一環。當1888年謝爾蓋·尼古拉耶維奇·維諾格拉茨基發現了硝化作用後，並把硝化作用與農業、養殖業做有關的連結，硝化作用的研究因此沒應用在農業與養殖業中。直到1997年時美國維京群島大學的詹姆士·羅克希博士開始研究如何利用硝化作用來幫助處理養殖換水的問題，硝化作用的概念用於種植與養殖的結合才慢慢被注意。另一個原因也是因為設施農漁業（Facility Agriculture）慢慢被發展起來有關。因為人類糧食需求愈來愈高，因此農藥或肥料也廣泛被應用。但是二十世紀人類開始思考人與土地的關係，一種可循環的農業與養殖複合的經營模式，慢慢地被

注意了。

　想像一個畫面，養殖業利用植物吸收消化魚類排出的廢棄物，降低過濾系統的投資，甚至不需換水，農業利用養殖魚類的水來種植作物，免除肥料的使用，這樣的畫面是不是很美好？當然魚菜共生的模式不是萬能的，也不見得百分百美好，但是這種以生態循環為架構的養殖農業是非常迷人的，尤其是在水資源不足的區域，這樣的系統更是需要。

　臺灣一直被視為寶島，氣候四季如春，水資源也不虞匱乏。但近年來全球各地遭受地球暖化與環境變遷的衝擊，臺灣也一樣面臨氣候的異常，除了異常的寒冷酷熱外，雨量也不像以前一樣穩定，暴雨或異常的乾旱也時有耳聞。魚菜共生的概念是否能被用來解決一些問題呢？例如在頂樓種菜養魚，一方面可以讓酷寒或酷夏下的建築物有所遮蔽，一方面植物也有綠化美化的效果。若進一步的魚菜共生系統能提供更多的食物來源，與降低碳足跡的食物來源，這樣不是可以對地球對環境更友善？當然這需要各方的人士，甚至公部門一起來努力。

打造自己的
魚菜共生系統

看了第二章的介紹想必您更了解魚菜共生，
準備好了嗎？
接下來要帶您開始一步步的打造自己的魚菜共生系統！

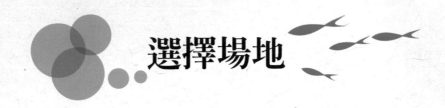

選擇場地

　　您想建立的系統是家用還商用？是休閒娛樂療癒用？還是想大一點規模自給自足？不同的用途有不同的規劃，本文以介紹家用中小型系統的規劃為主。

日照與通風

　　光線是植物生長必備的條件，建立魚菜共生系統需要先找一個光線良好的地方，全日照為最適合的地方。但臺灣位於亞熱帶氣候區，夏天高溫可能高達三十五、六度以上，全日照的場所夏天必須考慮做遮蔭的設備，不然盛夏的高溫會抑制蔬菜生長，而魚類也會因為水溫太高進而食量降低，對於系統造成影響。但全日照在秋冬季節卻是非常好的，日照讓植物生長，而冬天的日照讓系統的水溫不會太低。

　　半日照的環境在夏天讓魚菜共生有比較好的成果，尤其魚菜共生系統若在都市的公寓或大樓中，大部分人利用的是陽臺或窗外的空間，都是半日照居多。半日照的環境可選擇一些觀賞用的半日照花草植物、觀葉植物，若要種蔬菜建議選擇一些比好種的蔬菜，像

選擇場地

設備建置

挑選植物

挑選魚種

系統ＤＩＹ

建立硝化系統

育苗放魚

日常維護管理

是地瓜葉、莧菜、空心菜等葉菜類。

　　若環境日照低於三小時就不太妙，只建議種植一些室內觀葉植物、耐陰植物。當然有些人會採用一般燈光或專門的植物燈來補光，但是人造光源畢竟比不上太陽，人工光源想要效果好必須長期照射，也須購買照明設備與支付額外電費。

　　除了光線當然通風也要良好，尤其盛夏的時候，若空間密閉通風不良，溫度也相對會升高。溫度高若再加上通風不好也會造成植物的病害。

用燈。室內栽種基本的照度要8000(lux)以上才足夠。

🌀 日照程度的定義

（1）全日照

太陽東升至西沉都能見到陽光的環境，稱為全日照，日照時間約略八個小時。全日照環境大多是不被建築物遮蔭的空地，或無遮蔽的建築物的頂樓。

（2）半日照

每天能夠被太陽照射約四個小時的日照環境，稱為半日照。通常在屋邊或陽臺的環境為半日照居多，或旁邊有其他較高建築物遮蔭的環境。

🌀 水源

水的來源部分比較建議用自來水或雨水，自來水取得方便，一方面也不用擔心水質有重金屬或農藥汙染的疑慮。若場地有空間，可設計雨水撲滿來收集雨水，善加利用。魚菜共生系統對於水的部分首重水質的酸鹼度，若對於水源有疑慮，建議可測試一下水源的酸鹼度。北部的水酸鹼度普遍來說接近在pH7.5，

小系統用的沉水馬達。　　　　　　　　　小系統用的打氣幫浦。

選擇場地

設備建置

挑選植物

挑選魚種

系統DIY

建立硝化系統

育苗放魚

日常維護管理

中南部有些地方的酸鹼度約大於pH7.5，雨水通常偏酸。若您擔心自來水中的氯（自來水廠為了消毒的目的而添加），也可以用水桶裝水靜置一天曝氣，再加入系統。若系統較大，則補水時不需做曝氣的動作，可直接將自來水加入系統。若使用地下水，須注意地下水源是否有外來汙染物的汙染。特別注意，使用雨水回收，若當地空氣汙染嚴重，不建議使用。

 ### 電的供應

防水開關盒。

因為魚菜共生系統需要馬達打水，大部分的系統都需要打氣幫浦打氣，因此需要電源的供應。因為系統有可能設置在戶外，要注意電源的防水，在戶外難免有雨水的侵襲，因此要注意電源插頭與插座接合處是否防水。若使用一般的延長線，則建議購買戶外型的延長線，插座接合處可用防水開關箱包覆並置於高處不積水處。若颱風來襲更需要加強保護，避免強風吹落到積水處，造成短路。當然為安全起見，可以加裝漏電斷路器。

一般人對魚菜共生系統的用電有

中大型系統用的打氣幫浦。

漏電斷路器。

所誤解,認為很耗電。若家用系統用一顆二十瓦的沉水馬達,一個十瓦的打氣幫浦合計三十瓦。下面我們來計算一下耗電量:

「一度電」就是1000瓦耗電的電器,使用一小時所消耗的電量。

30瓦的魚菜共生系統,用電一個月消耗多少度電?

30W×24（一天24小時）×30（30天）＝21600W

21600W／1000W＝21.6（度）

冬天與夏天電費價格不同而且採用累進方式計費,我們用均值算法;假設一度電臺電收費新臺幣3元。

21.6（度）×3（元）＝64.8（元）每個月電費支出約65元。

（電費快算表）

使用的總瓦數	月用電度	月電費 （以一度電3元計算）
20W	14.4	43.2
30W	21.6	64.8
40W	28.8	86.4
50W	36	108
60W	43.2	129.6
100W	72	216
120W	86.4	259.2
160W	115.2	345.6

場地

　　臺灣常受到颱風的侵襲，建立魚菜系統時要評估抵抗颱風或暴雨的能力。若是在頂樓或陽臺，也要注意魚菜共生系統會不會影響排水；或颱風會不會將植栽刮落而堵塞排水孔。若系統較小，要考慮是否颱風來襲時可方便拆解搬移。若是商業型的魚菜共生系統，通常會搭建專門的網室或溫室。溫室建立時要注意光線、季節風向、地勢高低是否影響排水的狀況。

　　若在頂樓也要注意，魚菜共生系統重量是否在建築物能承受的範圍。搭蓋遮光罩或小溫室是否會違反法規，被當違建拆報。

樓地板載重規定（此表數據為參考用，建物載重請洽詢結構技師或建築師。）

樓地版用途類別	載重（公斤／平方公尺）
一、住宅、旅館客房、病房。	200
二、教室。	250
三、辦公室、商店、餐廳、圖書閱覽室、醫院手術室及固定座位之集會堂、電影院、戲院、歌廳與演藝場等。	300
四、博物館、健身房、保齡球館、太平間、市場及無固定座位之集會堂、電影院、戲院歌廳與演藝場等。	400
五、百貨商場、拍賣商場、舞廳、夜總會、運動場及看臺、操練場、工作場、車庫、臨街看臺、太平樓梯與公共走廊。	500
六、倉庫、書庫。	600
七、走廊、樓梯之活載重應與室載重相同，但供公眾使用人數眾多者如教室、集會堂等之公共走廊、樓梯每平方公尺不得少於400公斤。	
八、屋頂露臺之活載重得較室載重每平方公尺減少50公斤，但供公眾使用人數眾多者，每平方公尺不得少於300公斤。	

資料來源：築構造編。

選擇場地

設備建置

挑選植物

挑選魚種

系統DIY

建立硝化系統

育苗放魚

日常維護管理

適合的場地

☑ 光線良好的頂樓。

☑ 日照充足的陽臺。

☑ 光線良好的頂樓。

☑ 光線良好的頂樓。

☑ 光線良好的頂樓。

☑ 日照充足的陽臺。

不適合的場地

☒日照明顯不足的陽臺。

☒光線被遮到。

☒陰影處不適合。

☒光線被遮到不適合。

選擇場地

設備建置

挑選植物

挑選魚種

系統ＤＩＹ

建立硝化系統

育苗放魚

日常維護管理

🥬 溫度

　　夏天還有另外一個問題，若是全日照必須遮蔭，用傳統農用的遮光網是很好的選擇。水體夏天也有升溫的問題，而冬天寒流來的時候，水溫太低對某些魚類會適應不良。因此要先了解所在地的整年度溫度變化，來選擇適合的魚種，不然冬天要加溫就麻煩了。有些人會在魚桶與植盆上包覆保溫材料，這也是個穩定溫度的方法。

　　在夏天全日照的環境，通常會用遮光網來遮蔽光線，農用的遮光網依照遮蔽比率有分50%、60%、70%、80%、90%、95%，以遮光率50%的遮光網來看，可讓50%的光線被遮蔽。所以我們可以用活動式來設計遮光網的擺放方式，在夏天日照毒辣的中午時分，拉上遮光網，避免植物被太陽晒傷。

遮光網。

選擇場地

設備建置

挑選植物

挑選魚種

系統DIY

建立硝化系統

育苗放魚

日常維護管理

備援

　　須電力供應的馬達、幫浦設備需有備援準備，因此必須思考若停電或設備壞了該怎麼辦？尤其魚菜共生系統若是中大型的，幾個小時停電無電力讓馬達與幫浦運作，可能會造成系統的異常。而魚菜共生是高密度養殖，一旦停電水不流動；時間一久立刻會影響到魚隻的生存，因此電力備援是必要的，有些大型的農場也設置自動備援的設施。當市電供應異常，會自動啓動備援系統。目前也有廠商針對大型農場開發出異常警報系統，一旦系統發覺異常便會發簡訊到指定的手機。

　　比較簡單的備援方式是用市售的UPS不斷電系統，若魚菜共生系統不是大型的，購買一個市售容量較大的UPS不斷電系統，也可以預防臨時跳電或停電。

UPS。

發電機。

其他注意事項

　　若植床會打入雨水,也可以在魚桶做溢流的設計,當雨水打入後可適度排出系統。另外夏天植物吸收水分快、蒸散作用快,補水的方式要列入考慮。一般的魚菜共生系統在盛夏時大概每天都要補1/3～1/5以上的水。若系統大,要考慮設計自動補水系統,不然光夏天補水可能就有得忙了。

　　另一點要考慮到的是,根據環境選擇適合的材料設備,包括搬運的方式。如使用的是頂樓,要考慮到電梯、樓梯的寬度與高度,還有所有牽涉到水的管路或魚桶、植盆。安裝好後要試運行,看有沒有漏水的狀況,甚至要讓系統試跑幾天看有沒有其他問題。當系統確立後,要特別檢查管線的固定狀況,避免脫落導致水異常的流失。

自動補水系統。

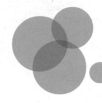

選購材料與設備建置

選擇場地

設備建置

挑選植物

挑選魚種

系統DIY

建立硝化系統

育苗放魚

日常維護管理

 **魚菜共生基本設備架構：**

> 1.養魚的魚桶，也稱養殖桶。
>
> 2.種植植物的植床。
>
> 3.過濾的設施。
>
> 4.打水的馬達。
>
> 5.打氣的幫浦。

目前魚桶與植床大部分的人都使用塑膠相關材質，以下分別敘述。

普力桶（普利桶）

普力桶採用PE聚乙烯材質，耐酸耐鹼，耐用年限五年以上，價格合理，取得容易；小型的養殖漁業也廣泛使用。以黑色較為抗輻射，耐用年限較長。養殖桶以圓型為佳，方型PE桶裝水常有變形的情形。

IBC（Intermediate Bulk Container）

　　內桶為高密度聚乙烯（HDPE）材質，外層為鍍鋅鋼管焊接成的框架。IBC桶為運送液體的容器，內層為強度高較輕薄的材質，外層的框架為運送過程方便堆疊的設計；因此使用的IBC桶，通常購買價格便宜，裝過溶液的二手桶子，使用前還需要清洗桶內殘留物質，避免殘留物影響魚菜共生系統。IBC桶因為容積達到一噸，運送方式與放置位置都需要先考量到體積。

💧 玻璃纖維強化塑膠

玻璃纖維強化塑膠（Glass Reinforced Plastic，GRP or Fiber Reinforced Plastic，簡稱FRP），用玻璃纖維材質訂製的植床，玻璃纖維的好處是耐用度較好，訂製的模式也可以依照需求設計，缺點是價格較高。

🪨 其他塑膠材質的桶子

養殖漁業用的魚桶或過濾設備都可以拿來做為魚菜共生的設備，一些家用或是小型的系統也可以選擇市售方便取得的塑膠桶。不管採用哪種類型的塑膠桶，選購時要考慮材質，是否耐酸、耐晒、不腐蝕，避免材質溶出化學毒性物質或脆化。

有人覺得市售的產品不符合需求，選擇自行打造系統魚桶或植床。例如用木板、鐵管或鐵網先建立一個適用的框架，接著再鋪上防水塑膠布。當然要注意外框使用的材質，因為要擺在戶外，不同的材料耐用年

選擇場地

設備建置

挑選植物

挑選魚種

系統DIY

建立硝化系統

育苗放魚

日常維護管理

限不同。塑膠布的材質有人用一般的塑膠防水布，若怕一般防水布太薄，可多鋪幾層。塑膠布材質有PE（聚乙烯）、PVC（聚氯乙烯）、高密度聚乙烯（High Density Polyethylene，HDPE）等。目前比較推薦的材質是HDPE或是PE，比較不建議用PVC。塑膠布有不同厚度，厚度厚價格貴。太厚施工也相較困難，需要專業的熱風槍協助，建議塑膠布厚度約0.5mm即可。

建議用深色的桶子，較不會透光長藻類。

自行打造木製植床。

塑膠布。

挑選大小適中的材料設備

　　提醒您在選擇各項材料與設備時，要注意空間與搬運放置的方式。另外規劃時要思考周密完整，事先一定要做過現場與通道的丈量，避免採購到貨後才遇到搬運與擺放的問題。另外也需要注意通道與安全上的規劃，避免被線路管路絆倒。

中大型系統的過濾系統，使用塑膠毛刷來過濾固體魚糞。

小型系統可用水族用過濾棉或菜瓜布，簡單過濾即可，也可放紅蚯蚓分解魚糞。

中型系統的過濾系統。

魚菜共生設置自我檢視表

使用目的	場地可長期使用	場地短期使用
只是好奇，想試試	小型可方便拆卸	小型可方便拆卸
只想當休閒娛樂	可選擇中大型設備	小型可方便拆卸
想自己種菜 想自己養魚食用	中大型設備或固定設施	中大型可移動式、可方便拆卸

選擇場地

設備建置

挑選植物

挑選魚種

系統DIY

建立硝化系統

育苗放魚

日常維護管理

魚桶

養殖桶可以選擇市面上現成的塑膠製品，依照系統的大小、場所的空間大小，選擇適合放置與適合搬運的尺寸。

一般來說建議用深色的桶子避免透光而滋生藻類。另外若採用的是塑膠桶，要注意採用材質的強度，過大的水體會不會讓養殖桶「膨肚」。

採用圓型桶可以避免這樣狀況，當然採用玻璃纖維材質（FRP）的桶子，也可以克服這樣的狀況，但成本上會比較高。也可以使用玻璃缸，但有長青苔與搬運破裂的風險。

深色的方桶

圓桶

FRP材質的魚桶

小型的圓桶

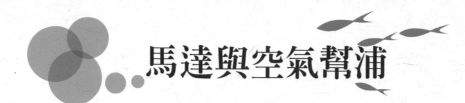

馬達與空氣幫浦

選擇場地

設備建置

挑選植物

挑選魚種

系統DIY

建立硝化系統

育苗放魚

日常維護管理

🌱 沉水馬達

魚菜共生系統大多使用沉水馬達，可以於水族館或五金材料行購買。大型的魚菜共生農場選購沉水馬達時，須特別注意馬達長時間使用效能。

一般家用小型系統可使用水族用的沉水馬達，採購時建議選擇大廠牌的產品。沉水馬達除須注意電壓、瓦數外的規格外，還有兩個重點，就是在系統需要的揚程高度時，沉水馬達的出水量需要讓養殖桶裡的水體，每小時至少循環一次。

所謂系統的揚程，就是從放置沉水馬達的位置。到系統裡最高的進水孔位置的垂直距離。例如魚菜共生系統需要把水打到一公尺高，養殖桶的水體有500公升，依照上述原則，要選購在揚程一公尺時，每小時出水量在500公升以上的沉水馬達。

因此以下圖規格來說，需選擇RO 6HF的沉水馬達。

一般中大型沉水馬達。

　　有的規格會標註Ft.（英呎），要注意的是，很多小型馬達只會標示最大出水量和最大揚程；這時就要小心別被誤導了！

　　以下頁表格的AP-200為例，524L/H是指揚程是0cm時的出水量。而揚程105cm是指這顆馬達最高可以把水打到105cm，當打到150cm時出水量有可能非常的小！

一般小型沉水馬達。

沉水馬達規格表（舉例一）

型號	功率W	揚程30cm 每小時出水量（公升）	揚程120 cm 每小時出水量（公升）	揚程180cm 每小時出水量（公升）	揚程（公尺）
RO 4HF	10W	990	270	X	1.6
RO 6HF	15W	1330	590	X	1.9
RO 8HF	30W	2090	1020	300	2
RO 10HF	35W	2500	1360	720	2.3
RO 12HF	40W	2850	2390	1930	2.9
RO 14HF	45W	3190	2500	2050	3
RO 17HF	55W	4140	3190	2500	3.1
RO 20HF	60W	4900	3760	3300	3.3
RO 26HF	100W	6040	5130	4330	4
RO 32HF	115W	7300	5700	4940	4.3

選擇場地

設備建置

挑選植物

挑選魚種

系統DIY

建立硝化系統

育苗放魚

日常維護管理

沉水馬達規格表（舉例二）

型號	瓦數	外觀尺寸	每小時出水量	揚程
AP-90	2.8W	57*37*47mm	323L/H	60cm
AP-180	3.4W	57*37*47mm	456L/H	90cm
AP-200	6W	63*43*60mm	524L/H	105cm
AP-400	6.5W	63*43*60mm	760L/H	120cm

 空氣幫浦

　　一般把沉水馬達放在養殖桶裡的中小型系統，大都可以透過養殖桶裡設計分流，和迴水沖擊或滴落的設計來增加溶氧，而無須用到空氣幫浦。也有人設計文氏管（Venturi tube，因義大利物理學家文丘里Giovanni Battista Venturi而命名）進入系統來增加溶氧。

　　空氣幫浦依照每小時的空氣量而價格不同，大型的魚菜共生農場通常使用較大型的空氣幫浦來分接氣泡石，以供給養殖桶和筏式床的增氧所需。

空氣幫浦。

空氣幫浦規格（舉例）

型號	尺寸	排氣量	功率
AP-3000	15cm*0.89cm*0.71cm	150L/H	3W
AP-3500	15cm*0.89cm*0.71cm	180L/H	3.5W
AP-4000	20*14.5*16cm	35L/Min	14W
AP-8000	24*16*18cm	40~70L/Min	20W
AP-12000	26.5*20*18cm	100~110L/Min	30W

裝電池的打氣幫浦，可以在停電時備援。

中小型系統可以依需求購買水族用空氣幫浦。水族用小型空氣幫浦也有市電跟電池的雙版本，可以在停電時換裝電池驅動。

臺灣地處亞熱帶地區，夏天水溫增高；溶氧容易不足。因此建議依照系統大小，購買適當大小空氣幫浦在系統打氣。足夠的溶氧不只供給魚類生長也供應植物生長。

水管

建議使用不透光的PVC硬質塑膠管，若是溢流設計時則管徑須選較大的以避免阻塞。

不建議用軟質的透明塑膠管。一方面塑膠軟管彎曲面較多容易影響水的流動，另一方面透光的軟管也容易因為太陽照射而生長綠苔影響水的流動。若因為地

形位置的原因，必須使用軟管。請挑深色不透光的軟
管，盡量減少管線的彎曲，讓水流流動較為流暢。

選擇場地

設備建置

挑選植物

挑選魚種

系統DIY

建立硝化系統

育苗放魚

日常維護管理

文丘里原理

文丘里原理，也稱文氏原理。這
種現象是義大利物理學家文丘里
（Giovanni Battista Venturi）發現
的，因此被命名為文丘里原理或文氏
原理。文氏原理是指在高速流動的氣
體附近會產生低壓，從而產生吸附作

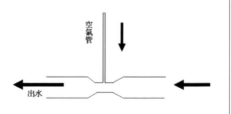

用。利用這種效應，我們可以製作出文氏管，並把空氣導入增加水中氧氣。
中小型的魚菜共生系統，也可以讓植床的水落下魚桶時，沖擊水面創造水中溶氧。這
樣的設計下也不一定需要空氣幫浦來增加溶氧，但水沖擊水面時會有水花濺灑的聲
音，怕吵的人或系統設立位置靠近臥室的人就不太適合了。

選擇植物與魚種

 ## 植物的挑選

　　要種到魚菜共生系統的植物，請根據季節選擇。魚菜共生是種設施農業，但因為節能上的設計與成本上的考量，一般都不具完整溫控的設備。所以最好跟著自然界的春、夏、秋、冬季節走，以免事倍功半。反季節種植是非常不容易成功的，種植當季的葉菜類大概三到四週即可收成，當季的菜種也比較容易成功。若不是要種菜，想要種植觀賞類植物也可以；若想種瓜果類，難度稍高，需要注意根系的狀況。有些植物根系發展的相當快，像小番茄、薄荷的根系，成長起來非常驚人，因此要種植此類的植物，要考慮系統的規劃，避免根系堵塞排水孔，造成系統運作異常。

種子包裝上的說明照片。

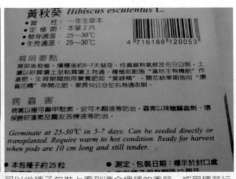

可以從種子包裝上看到適合播種的季節，或跟種苗行詢問當季適合的品種。

珠蔥	白菜	地瓜葉	紅鳳菜	綠紫蘇
香菜	油菜	小番茄	薄荷	芥藍
萵苣	皇宮菜	空心菜	玉米	鼠尾草

適合全年

菜豆（長豇豆）	小黃瓜	芋頭	辣椒	花生

適合春天

苦瓜	稻	羅勒	洛神花	秋葵

適合夏天

草莓	結頭菜（大頭菜）	韭菜	菜頭	花椰菜

適合秋天

哈密瓜	夏南瓜（節瓜）	菜頭	番茄	金蓮花

適合冬天

選擇場地

設備建置

挑選植物

挑選魚種

系統DIY

建立硝化系統

育苗放魚

日常維護管理

四個節氣種植列表　　全年 ■北部 ■中部 ■南部

菜種	全年	立春	立夏	立秋	立冬	發芽適溫	生長適溫
九層塔						18-28	15-30
小松菜-油菜						20-25	15-30
小黃瓜						25-30	20-30
芥菜（刈菜）						20-25	18-25
木瓜						25-35	15-30
木瓜型南瓜						25-30	15-25
冬瓜						25-30	20-30
玉米						25-30	15-30
甘薯						15-	20-30
白菜類						20-25	15-30
艾草						扦插	15-35
地瓜葉						15-	25-35
芋頭						15-	25-35
西瓜						25-30	20-30
西洋芹菜						15-20	10-25
杏菜						20-25	15-30
芥藍						25-30	15-30
芫荽（香菜）						20-25	20-25
花生						14-	24-33
花椰菜						20-25	18-30
芹菜						20-28	15-25

菜種	全年	立春	立夏	立秋	立冬	發芽適溫	生長適溫
豆瓣菜（水芹、西洋菜）						18-25	10-25
京水菜						15-25	15-30
明目萵苣（菊苣）苦苣						20-25	15-25
油菜花						20-25	15-30
空心菜（蕹菜）						20-30	15-35
苦瓜						20-30	20-35
茄子						20-30	20-30
青江菜						15-25	15-30
金蓮花						18-22	5-25
南瓜						25-30	15-20
哈密瓜（洋香瓜）						25-30	20-30
皇宮菜（落葵）						20-25	15-30
秋葵（羊角豆）						25-30	25-30
紅脈酸模（紅酸模、野菠菜）						20-25	13-26
紅鳳菜						扦插	15-30
耐熱高麗菜（耐熱甘藍）						15-25	15-30
茼蒿						15-25	15-25
草莓						20-25	15-25

選擇場地

設備建置

挑選植物

挑選魚種

系統DIY

建立硝化系統

育苗放魚

日常維護管理

菜種	全年	立春	立夏	立秋	立冬	發芽適溫	生長適溫
韭菜						16-20	20-25
韭菜花						15-20	20-25
洛神花						20-26	24-32
夏南瓜-節瓜						25-30	15-35
恭菜（牛皮菜）菾達菜						18-25	20-30
珠蔥（紅蔥頭）						15-30	15-30
馬鈴薯						15-	15-25
高麗菜（甘藍）						20-25	10-20
球莖甘藍（結頭菜）						20-25	18-30
甜瓜- 香瓜						25-30	25-30
菜豆（粉豆、醜豆）						20-30	15-25
						20-30	15-25
						20-30	15-25
菠菜						15-18	15-25
茶菜（牛皮菜、菾達菜、茄茉菜）						18-25	20-30
萵苣（福山萵苣）						15-20	15-30
魚腥草						15-20	15-30
無蔓長豇豆（矮性菜豆）						20-30	25-35

菜種	全年	立春	立夏	立秋	立冬	發芽適溫	生長適溫
紫蘇		●			●	15-20	15-25
絲瓜		●				25-30	20-30
黃麻葉		●				20-35	18-30
蒜				●		20-	18-20
鼠尾草	●					25-30	15-30
蔥（北蔥）		●	●	●		15-25	18-30
辣椒		●				20-30	15-30
綠紫蘇（青紫蘇）				●		15-20	15-25
番茄		●		●	●	20-25	15-30
薄荷	●					20-25	15-30
薑		●				20-25	20-30
羅勒		●	●			20-25	20-30
櫻桃蘿蔔	●					20-25	15-30
蘿蔓				●	●	15-25	15-25
蘿蔔				●	●	15-20	10-22

四個節氣平均溫度

立春（國曆2月3日或4日或5日）	立夏（國曆5月5日或6日或7日）
·平均最低氣溫約14.8。 ·平均最高氣溫約21.4。 ·平均氣溫約17.6。 ·平均相對溼度約77.7。 ·2月上半月累積平均降水量約4.9mm。 ·2月上半月累積平均降水日數約5.9天。	·平均最低氣溫約22.2。 ·平均最高氣溫約29.2。 ·平均之平均氣溫約25.3。 ·平均相對溼度約78.2。 ·5月上半月累積平均降水量約69.3mm。 ·5月上半月累積平均降水日數約5.8天。
立秋（國曆8月7日或8日或9日）	立冬（國曆11月7日或8日）
·平均最低氣溫約25.6。 ·平均最高氣溫約32.4。 ·平均之平均氣溫約28.6。 ·平均相對溼度約78.2。 ·8月上半月累積平均降水量約57.4mm。 ·8月上半月累積平均降水日數約6.2天。	·平均最低氣溫約20.1。 ·平均最高氣溫約26.6。 ·平均氣溫約22.9。 ·平均相對溼度約75.1。 ·11月上半月累積平均降水量約60.6mm。 ·11月上半月累積平均降水日數約4.4天。

氣象資料：根據臺灣氣象局1981～2010資料統計（GoGreen.tw編制）

玉如意。

朱文錦。

吳郭魚（臺灣鯛）。

紅尼羅魚（吳郭品種）。

🐟 魚類的挑選

　　魚種的選擇要考慮適不適合室內飼養，對新手來說愈容易養的魚種愈好。若有多種魚種混養，也要考慮魚的地域性，是否會互相攻擊，避免混養體型大小差異太大的魚類。

　　魚一樣要考慮溫度的變化來挑選，例如臺灣的平地年度最低溫可能接近十度，我們要考慮魚在冬天最冷的時期是否能耐低於十度以下的溫度。若飼養的是食用魚，也要考慮魚的成長時間，以臺灣鯛為例，六到八個月後便達到成魚。所以若我們以十二月收成魚獲往回推算，三月到四月間就必須開始飼養，才能避免

遇到冬季低溫寒害。

　　魚飼料的部分建議使用浮料，因為餵食後殘餌方便撈出；避免過多殘餌影響水質。魚菜共生系統的飼料建議使用大廠的食用魚飼料，觀賞型魚飼料不建議使用。因為觀賞魚飼料為了讓魚體顏色漂亮，有些增豔配方並不適合魚菜系統。飼料的餵養建議少量多餐，避免有太多的殘料。

魚類飼養適溫表

魚種	耐溫		最佳生長水溫	
	耐低溫度	耐高溫度	適溫低	適溫高
錦鯉	2	30	20	25
金魚	0	34	12	30
臺灣鯛	9	35	20	30
澳洲銀鱸	2	37	12	26
墨瑞鱈	8	30	18	22
鯽魚	1	35	10	32
丁鱥（丁桂魚）	0	40	20	28
鯉魚	0	35	25	30
草魚	0	33	18	29
青魚（烏鰡）	0	40	22	28
褐塘鱧（筍殼）	9	38	25	30
長吻鮠江團	0	38	25	28
加州鱸	2	34	15	25
泥鰍	2	30	18	28

銀鱸。

澳洲龍蝦。

龍鯉。

鱸魚。

虹吸管與保護罩製作

虹吸管材料清單：	保護罩材料清單：	需要的工具：	
· 兩英寸PVC管	· 三英寸PVC管	· 電鑽	· 美工刀
· 兩英寸薄帽蓋	· 三英寸薄帽蓋	· 切斷機（或鋸子）	· 油性筆
· 兩分塑膠軟管		· 圓穴鋸頭	· 捲尺

虹吸管製作過程：

1

丈量植床深度。

2

兩英寸PVC管切割與植床深度相同。

3

距離底部約1公分，開對應兩孔，孔直徑3公分。

4

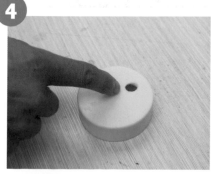
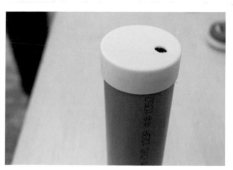

帽蓋開孔1公分。

5

兩分塑膠軟管當呼吸管，長度約到下方進水口邊緣，呼吸管的低點可控制植床裡的最低水位。

6

尾段剪斜邊。

7

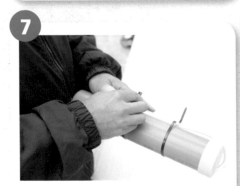

束線帶固定。

8

完成。

小技巧

也可以使用定時器控制馬達的運轉，來達到跟虹吸管類似的效果。

🔨 保護罩製作過程：

1

使用三英寸PVC管，比虹吸管約
高約三到五公分。

2

切割進水孔，約8～10孔，每孔
間距約兩公分。

3

蓋上帽蓋。

4

完成。

虹吸管跟保護罩，
完成！！！

選擇場地
設備建置
挑選植物
挑選魚種
系統DIY
建立硝化系統
育苗放魚
日常維護管理

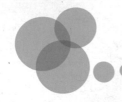

魚菜共生系統DIY

前面章節有提到，魚菜共生依植床不同分為幾類，接下來介紹其中四種類型的DIY。首先介紹介質式，目前廣泛應用的介質有發泡煉石、水陶石、火山石、碎石。本書的示範採用發泡煉石來當介質，發泡煉石雖然是高溫燒製的產品，因為在裝運送過程中碰撞會產生碎屑，所以使用前要清洗過，可以用公文林或塑膠籃裝發泡煉石來清洗，不用洗得多乾淨，只需要沖掉灰塵與雜質即可。

植床體積小於200公升的小系統，可用6分管做排水管。大於200公升的話可用1寸管。

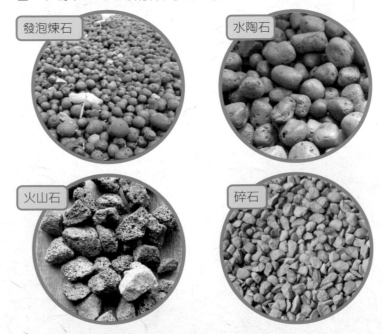

發泡煉石　水陶石　火山石　碎石

介質式DIY：

介質式植床材料清單：

- 水塔接頭
- 彎頭
- 閥接頭
- 止水帶
- 六分PVC水管
- 虹吸管 & 保護罩
- 薄帽蓋
- 深色塑膠軟管
- 沉水馬達
- 深色水管（包紗水管）
- 發泡煉石
- 防鏽鐵架

需要的工具：

- 電鑽
- 切斷機（或鋸子）
- 圓穴鋸頭
- 美工刀
- 油性筆
- 捲尺
- 鑽孔

1 利用可封口的菜盆來當植床。

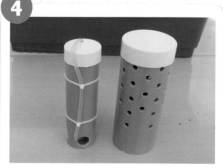

2 挖好的洞，鎖上水塔頭，一般來說密封墊片是要放在植床內部的光滑面。

3 植盆內部用薄帽蓋當做固定底座。

4 根據前面章節做的虹吸管與保護罩。

選擇場地　設備建置

挑選植物

挑選魚種

系統DIY

建立硝化系統

育苗放魚

日常維護管理

5

上方跟下方都鎖上閥接頭，下方的閥接頭要先纏繞止水帶。

6

下方接上一段連接管。

7

連接管套上彎頭。

8

上方接上排水管，控制植床的最高水位。

9

放上虹吸管。

10

放上保護罩。

選擇場地

設備建置

挑選植物

挑選魚種

系統DIY

建立硝化系統

育苗放魚

日常維護管理

11

以園藝圓盆當魚桶，上方擺放購自大賣場的鐵架。

12

沉水馬達套上深色塑膠管，若不夠密合可以纏繞止水帶。

13

透過彎頭轉接PVC塑膠管。

14

接上植床，擺上架子。

15

清洗煉石。

倒入植床。

完成。

夏天種植地瓜葉。

小技巧

為了讓虹吸管現象正常運作,排水管底部須做兩個
九十度彎曲。

浮筏式DIY：

使用浮筏式植床要有過濾系統，確保進入植床的水沒有固體懸浮物。若系統只有浮筏式，要有培菌的設計，也可以用過濾設備當做培菌床。

浮筏式植床材料清單：

· 水塔接頭　· PVC水管　　　　　· 碎石
· 彎頭　　　· 園藝盆（或塑膠箱）　· 過濾棉
· 閥接頭　　· 水耕定植板（或保麗龍板）
· 止水帶　　· 小園藝長盆

需要的工具：

· 鋸子或水管剪　· 剪刀
· 電鑽
· 圓穴鋸
· 美工刀

選擇場地　設備建置

挑選植物

挑選魚種

系統DIY

建立硝化系統

育苗放魚　日常維護管理

1 利用可封口的園藝盆來當植床。

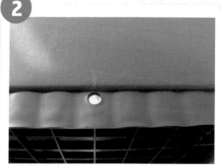

2 排水孔。

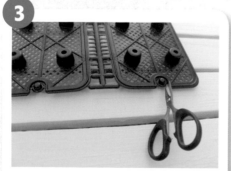

3 以剪刀剪下所附的塞子。

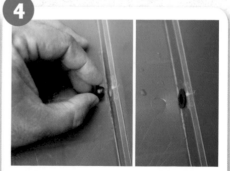

4 將排水孔塞住。

5

圓穴鋸裝上適當鋸片。

6

鎖上電鑽後，於底部或側邊鑽孔。

7

挖好洞後，鎖上水塔接頭，其中的密封墊片請放在植床內部平滑面。

8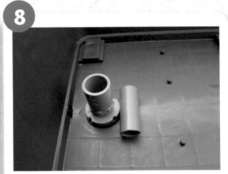

鎖上閥接頭。

9

用水管剪或鋸子切割適當長度的短管，接上成為溢流管。

10

植床下方一樣接上閥接頭。

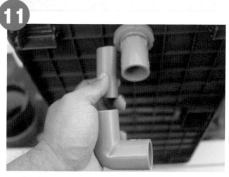

可視排水方向，透過短管與彎頭配合，調整排水方向。

可以用不同的小籃子當做過濾設備。

本書示範以小花盆當過濾盆。

選擇場地　設備建置

挑選植物

挑選魚種

系統DIY

建立硝化系統

育苗放魚

日常維護管理

14

過濾盆裡面裝碎石，然後裁剪適當
大小的過濾棉置於其上。

15

裁切水耕浮板，符合植盆大小。

16

接上進水系統，即告完成。

17

於水耕浮板種植植栽。

養液薄膜式（管耕）DIY：

養液薄膜式（管耕）材料清單：
- 方管
- 方管蓋
- 水管彎頭
- 連接短管
- 方管固定架
- 螺絲釘
- 定植杯

需要的工具：
- 水平儀
- 電鑽
- 圓穴鋸

1 方管以每10～15CM間距，鑽出孔洞。

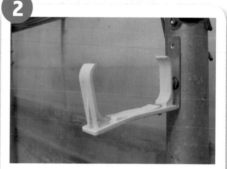

2 於牆面鎖上水管固定架。

3 量測距離與傾斜度。

4 固定方管。

5

接上進水處接頭。

6

接上管與管間的連接管。

7

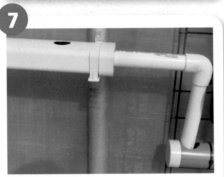

於管末接上回流魚桶管路。

8

植床管路完成圖。

9

擺上植杯。

10

放上菜苗。

注意事項

1.管子長度建議最長不要超過兩公尺。
2.進水孔要連結開關筏，方便調整水量。

選擇場地　設備建置

挑選植物

挑選魚種

系統ＤＩＹ

建立硝化系統

育苗放魚

日常維護管理

垂直栽培式DIY：

① 進水管於適當位置裝設出水調節閥。

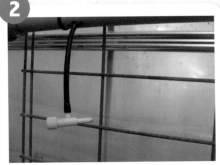

② 固定進水管及鐵網。

③

掛上吊盆。

4

最下方放置水流回收水管。

5

最下排吊盆排水管接入回收管。

6

放入發泡煉石等介質。

7

測試水流正常與否，若異常可用
調節閥調整。

8

垂直吊盆配置完成圖。

9

種入菜苗。

10

草莓適合垂直栽培式。

♫ 補充說明

*吊盆左右、上下間距建議15CM～20CM。

*掛盆式因使用滴灌式，因此在進水處須增設滴灌過濾器，
過濾雜質，避免進水頭堵塞。（如圖示）

*感謝協會認證農場，提供專利設計產品，介紹DIY過程。

進水處須增設滴灌過濾器。　須定期拆卸清洗，以免進水頭堵塞。

中大型魚菜共生農場建置

　　中大型農場建置，可參考以下此圖規劃。因為建置
過程複雜，屬進階之程序，且本書側重於中小型的魚
菜共生系統DIY，所以暫且先不著墨。

 中大型魚菜共生農場魚菜比率說明

　　一般中大型農場的系統規劃，以一噸養殖水搭配7
平方米的植床面積為宜。 若從每天飼料投入量來觀

中大型農場規劃示意圖

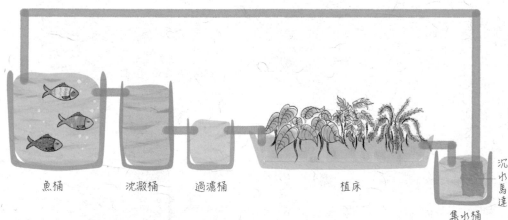

魚桶　　　　沈澱桶　　　過濾桶　　　　　　植床　　　　　　　集水桶

沉水馬達

🌸 考慮節能設計，以最少動力為規劃目標。
🌸 魚桶、植床需有打氣設備。

選擇場地

設備建置

挑選植物

挑選魚種

系統DIY

建立硝化系統

育苗放魚

日常維護管理

察，大約是20公克可以支持一平方米的植床。實際操作時則必須依據定期量測所得的硝酸鹽濃度，來判斷系統裡的養分是否足夠或太多，同時透過餵食量的微調來做動態管理。農場經理人需根據自己農場的設計與經驗，逐步建立自己的數據資料。

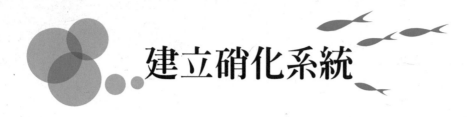

建立硝化系統

魚菜共生原理簡介

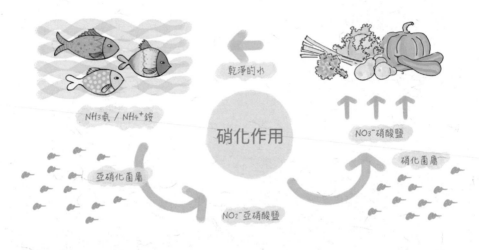

乾淨的水

NH3氨 / NH4+銨

硝化作用

NO3⁻硝酸鹽

亞硝化菌屬

硝化菌屬

NO2⁻亞硝酸鹽

選擇場地

設備建置

挑選植物

挑選魚種

系統ＤＩＹ

建立硝化系統

育苗放魚

日常維護管理

依照臺灣的氣溫環境，建立硝化系統一般約需3到5週的時間，若是寒冷的冬天則可能需要一個半月以上。當魚菜共生系統的硬體設備設立完成後，首先要放水進入系統測試水循環至少一至兩天，以確定馬達是否正常，管路是否接妥以及虹吸是否正常運作，之後就可以少量放魚開始建立硝化系統，例如放入系統計畫養殖總數量的10%的魚。在硝化系統未完全建立前請減量餵食以免氨氮濃度累積太快危及魚兒的生命。

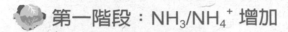 第一階段：NH₃/NH₄⁺ 增加

　　魚兒因呼吸作用會從腮部排出氨（Ammonia），且其排泄物分解時也會產生氨，由於此時水中的亞硝化菌屬仍未建立，所以水體中的氨濃度會逐漸累積，大約放魚後的第二天可以開始測得氨的存在，之後濃度會逐日增加直到亞硝化菌屬的量足以分解系統裡每天所增加的氨。隨著亞硝化菌屬的數量的進一步增加，氨的濃度會開始下滑直到趨近於零。

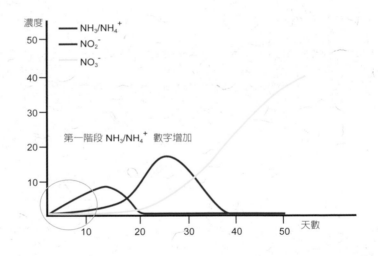

第二階段： NO₂⁻ 增加

　　在氨濃度增加的過程中若測得亞硝酸鹽（NO₂⁻）的存在，就表示亞硝化菌屬已經在系統裡出現，之後亞硝酸鹽濃度會逐日增加直到硝化菌屬的量足以分解系

統裡每天所增加的亞硝酸鹽。隨著硝化菌屬的數量的
進一步增加，亞硝酸鹽的濃度會開始下滑直到趨近於
零。

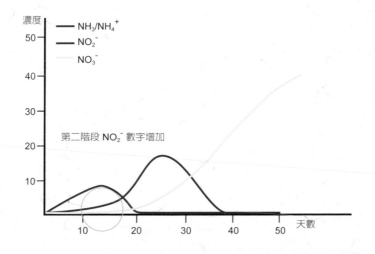

第三階段：NO_3^- 增加

在亞硝酸鹽濃度增加的過程中若測得硝酸鹽
（NO_3^-）的存在，就表示硝化菌屬已經在系統裡出
現。以上亞硝酸鹽和硝酸鹽出現的時間和濃度的變化
會因系統和環境參數的差異而不同，所以並沒有一個
確切的時程。

當氨和亞硝酸鹽的濃度先後從高點下降至趨近於零
時，就表示硝化系統已經建立完全，此時可以把其他
的魚放入系統。大量放魚後，系統裡的氨和亞硝酸鹽

選擇場地

設備建置

挑選植物

挑選魚種

系統DIY

建立硝化系統

育苗放魚

日常維護管理

濃度仍會再度上升，不過，一般會在幾天內又下降至
趨近於零。

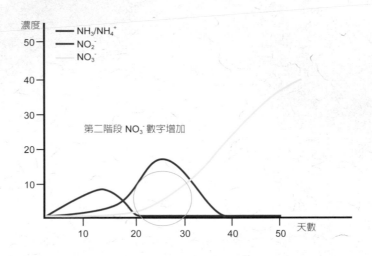

在這過程中，若遇到第一批放入系統的魚全數死亡
時，可以不要再放入新魚，而是留下幾隻死亡的魚在
水中繼續建立硝化菌。飼料因含有蛋白質所以分解時
也會產生氨，也可以幫助硝化作用的建立。

因為用活魚導入氨源的方法可能危及魚兒的生命，
我們鼓勵採行「不用活魚」來達到硝化系統的建立，
做法上可以導入純氨水，死魚或死的蛤蜊，或是自身
的尿液來建立硝化系統。

若希望加速硝化系統建立的時程，可以拿任何運轉
中的魚菜共生系統裡的濾材、介質或是水體放入新的
系統裡，因為這些東西裡面都含有硝化菌。添加市售

選擇場地

設備建置

挑選植物

挑選魚種

系統DIY

建立硝化系統

育苗放魚

日常維護管理

的硝化菌也可能縮短硝化系統建立的時間，不過對於
新手來說，不鼓勵刻意添加硝化菌進入系統，因為這
樣做會無法看到整個硝化作用的進程而失去了印證和
學習的機會。

　　魚菜共生是一種生態循環系統，需要時間讓系統裡
的硝化菌和微生物建立，沒有速成的方法。有些人去
上了魚菜共生的DIY課程後，把所購買的設備和魚同
時帶回家馬上建立自己的魚菜共生系統，其結果往往
是魚一隻隻的死了，因而產生很大的挫折和內疚。所
以希望讀者們都能按部就班以避免魚兒死亡。

育苗

影響種子發芽的因素，不外是溫度、水分、光線三大因素。育苗的好壞影響將來所生產的蔬果產量與品質。

苗的部分可買市售的菜苗，經過洗根的動作將培養土洗掉，再放入植床。洗根的動作要小心，避免傷害到根系。

洗根步驟：

準備一盆水。

將植栽與盆分離。

將植摘放水中。

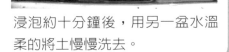

4
浸泡約十分鐘後，用另一盆水溫柔的將土慢慢洗去。

5
種入植床。

選擇場地　設備建置

挑選植物

挑選魚種

系統ＤＩＹ

建立硝化系統

育苗放魚

日常維護管理

　　當然最好是自己育苗，不一定購買市售的苗，省錢又安全。若魚菜共生系統是介質式的植床，則可以考慮用灑播的方式植種，也就是直接將種子灑到植床裡。灑播時要注意幾項原則：

　　第一，育苗時期植床的排水管用溢流的方式比虹吸方式適合；第二，灑上種子後要用蓮蓬頭來回的澆水讓種子可以被沖到介質的縫隙中；第三，當種子發芽後要在適當的時機盡早疏苗。剛開始種植蔬菜的人，要疏苗時總是難以下手，但若不這樣做到時候蔬菜長大後總是互搶養分與陽光，反而顧此失彼。

　　若魚菜共生系統是筏式床，用的是市售的定植浮板，就可用市售的育苗泡棉育苗。其方式如下：

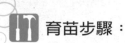

育苗步驟：

育苗材料清單：
- 育苗盆（塑膠盆）
- 種子
- 一杯水
- 育苗棉
- 竹籤

1

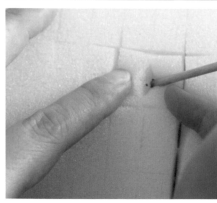

將種子塞入育苗棉中間一字或十字孔中，位置大概0.2cm~0.3cm的高度。可以用手或竹籤黏附種子，或用夾子放入育苗棉的間隙中。以看得到，摸不到為原則。

選擇場地

設備建置

挑選植物

挑選魚種

系統DIY

建立硝化系統

育苗放魚

日常維護管理

② 將整塊的育苗棉放在平底的育苗盤（市售塑膠淺水盤）。

③ 用蓮蓬頭網目的澆水器慢慢的澆溼泡棉，澆灌的水要淹到從育苗盤底部算起約一公分。

④ 若泡棉有浮起現象，代表海綿中有空氣；可用雙手下下輕壓把泡棉裡的空氣擠出。

⑤ 用不透光的厚紙板遮蓋育苗盤、放置陰涼處。

⑥ 每天要檢查，若泡棉表面太乾或育苗盤底部水分不足；一樣用蓮蓬頭網目的澆水器慢慢的澆溼並補足水分。

⑦ 當大部分種子發芽時（突出泡棉表面），即可移除遮蓋厚紙板；把育苗盆放至日照處晒太陽。

重複步驟六的步驟並檢查，若泡棉表面太乾或育苗盤底部水分不足；一樣用蓮蓬頭網目的澆水器慢慢的澆溼並補足水分。夏季高溫時要特別注意，水分蒸散較快要特別注意。

等根穿透泡棉底部約2公分時，就可以移植定植到浮板上。

種子的預先處理

　　有些種子在育苗前，須有一些前置工作。常見的前置工作如下：

浸種：育苗前進行浸種的原因，是為了打破種子休眠狀態、促進種子發芽並提高發芽率。我們先將種子置於室溫，若種子是冷藏的，須放於室溫一小時左右，然後將種子放置在流動水中，等種子吸水吸至飽滿，即可取出種子將其陰乾再行播種。

消毒：為了杜絕種子本身帶來的病菌，有些種子有經過藥劑的消毒。我們也可以用簡單的溫湯法來幫種

選擇場地

設備建置

挑選植物

挑選魚種

系統DIY

建立硝化系統

育苗放魚

日常維護管理

子消毒，以五十度到六十度的溫水浸泡種子約二十分鐘，讓溫水殺死一些附著種子上的真菌孢子及病菌，但需注意若種子種皮薄弱與易脫落的，並不適合此法。溫湯過的種子取出後一樣將其陰乾再行播種。

刻傷：有些種子因為有硬殼或種皮較硬，透過刻傷的處理讓發芽率提高。刻傷是用刀片將種皮割傷，有的採取撥開種皮的方式。

春化：春化聽起來不太懂意思，換一個名詞「冷藏催芽」，大家應該就能夠了解。春化是利用大自然的特性，冬天過後春天來了的自然現象。像萵苣我們把種子冷藏後，再取出來播種，增加發芽率。

滲調：滲調字面上更難懂了，種子滲調是為了讓種子發芽加速與發芽整齊，透過滲調方式調節種子生理代謝機能；同一批種子經處理後可加速其發芽速度及發芽整齊度，因此在商業上的利用比較多。種子滲調依滲調介質分為固體滲調及液體滲調，固體滲調則用如蛭石等介質；液體滲調常為無機鹽類或聚乙烯二醇溶液等。

　　以上這些種子的處理方式，並不完全必要實施。通常是比較大型的農場因商業性生產需求，才選擇施行。另外有些方式也可以混合施作，例如萵苣類育苗，會先泡水約八小時，冷藏一晚再育苗。

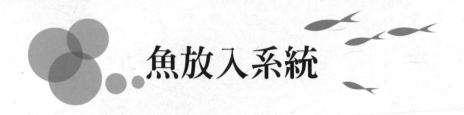

魚放入系統

在前面章節已經介紹過挑選魚類的方式。有人會問一定要養食用魚嗎？當然不是，觀賞魚類也可以，只是在挑選的時候同樣要注意魚類的耐溫能力，也就是說是否可以耐夏天的高溫和冬天寒流來襲時的低溫，例如吳郭魚在北部可能無法越冬。觀賞魚類錦鯉是不錯的選擇，一方面可以耐低溫，一方面有觀賞價值。

新購魚放入系統注意事項

通常取得魚的管道有幾種，觀賞魚通常來自水族館。食用魚來源就比較廣，有的來自苗場，或是有在小量出魚的飼養業者，另外有人是去河川、湖泊撈捕。若是購買來的，店家會將魚跟水用塑膠袋裝好，將氧氣灌入塑膠袋然後用保麗龍箱運送。

適溫

當我們收到魚時（或把魚帶回家時），要先把塑膠袋浸泡在魚桶水中（勿拆開、不需將氣體釋放）。讓塑膠袋子內的水溫跟魚桶水溫達到互相調合的效果，一般來說大概要先浸泡15分鐘到半小時左右。

選擇場地

設備建置

挑選植物

挑選魚種

系統DIY

建立硝化系統

育苗放魚

日常維護管理

對水

　　等適溫過後，即可拆開塑膠袋，但也不能一下把魚放出來。要先對水，每隔十分鐘把原塑膠袋內三分之一的水量先倒掉。再用等量魚桶的水裝入塑膠袋，讓魚類慢慢適應魚桶的水質。這樣的動作重複做兩到三次後，就可以把魚撈起來放入魚桶。（不要把塑膠袋的水放入系統）

先倒掉1/3水。　　　　　　　　　　　再補入1/3水。

檢疫醫療缸

檢疫缸。

　　經過上面的適溫對水，有些人覺得還不夠謹慎，所以會再設立一個檢疫缸。標準的檢疫缸是一個有完整過濾系統與已經建立硝化系統的魚缸，一般檢疫缸裡的水會加入千分之三的粗鹽以達到預防性的檢疫效果。依照前述方式先適溫、對水後，把新購的魚放入檢疫缸後，先在檢疫缸飼養一至二週確定無異狀後，再撈起放入系統魚桶內。

　　檢疫缸一般也當醫療缸使用，唯鹽度需視情況增加。當系統魚桶內的魚類有異常時可以撈起放入檢疫缸觀察醫治。

　　若魚是從河川、湖泊撈捕，更應該透過檢疫的方式以確保魚體身上沒有異常的疾病或是寄生蟲。

🐟 魚飼料的挑選

　　魚飼料的挑選，因魚菜共生系統一般是用來生產食用的魚和蔬菜，所以建議採用大廠牌的養殖用飼料。不建議使用觀賞魚飼料，因為觀賞魚飼料會有加入一些配方，達到魚體增豔效果，並不適合魚菜共生系統。購買養殖用飼料，一般建議用浮料（特殊魚種要用沉料），因為沒吃完的飼料可以方便撈出，避免影響水質。

　　魚飼料的成分有各類的維他命、礦物質、消化酵素等。主要成分為動物性蛋白質（魚粉）與植物性蛋白質。在魚的成長期前段中段要多次數的餵食，但當成

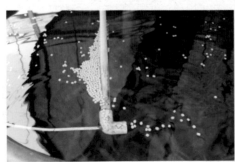

殘料建議撈出，避免影響水質。

觀賞用魚飼料，不建議使用。

購買養殖用飼料。　　　　　　　　　　浮萍。

選擇場地

設備建置

挑選植物

挑選魚種

系統DIY

建立硝化系統

育苗放魚

日常維護管理

長期的後段就可以減低餵食率。魚飼料的價格在於成
分，簡單的分野在動物蛋白質的多寡，多則價格高，
少則價格低。魚飼料的保存要放在陰涼乾燥處，最忌
諱淋到水，若碰到水很快就變質敗壞了。因食用魚飼
料較大包，若家中的魚菜共生系統較小，建議與同好
合購、分購，避免擺放太久變質。

　　除了飼料外，有些人會自行種植浮萍或培養黑水虻
的幼蟲來當魚的補充食物。黑水虻是個有趣的生態
昆蟲，可以透過廚餘或採收後不要的菜葉和菜根來培
養。瑞典科學家研究過一隻黑水虻一天可吃0.1克的
廚餘，0.1克相當於黑水虻的體重，所以一公斤廚餘
需要一萬隻黑水虻一天就可消化完，一萬隻看起來相

當多，但一隻黑水虻平均可生約700隻後代，所以只要有20隻的黑水虻就可衍生出一萬多隻的黑水虻。當然我們要用的是黑水虻的幼蟲來餵魚，所以若要飼養黑水虻就是用廚餘創造出環境，讓黑水虻可以來產卵孵育。黑水虻做為飼料來源的優勢在於生產週期短，黑水虻的卵期大約3～5天，經過15～20天的幼蟲期後進入15天左右的蛹期，成為成蟲後的黑水虻壽命也只有5～7天左右。平均的生產週期大約20天左右。也可同時飼養紅蚯蚓做為魚的副食品。

黑水虻。

黑水虻飼養。

選擇場地

設備建置

挑選植物

挑選魚種

系統DIY

建立硝化系統

育苗放魚

日常維護管理

溫度、酸鹼度、溶氧的影響

　　之前的章節討論過溫度太高或太低可能導致植物與魚停滯生長。溫度不只會影響魚跟菜，也會影響硝化菌的生長。硝化作用的最適溫度約在25～30℃之間，18℃時硝化菌的生長率剩下50%，溫度低於0℃或大於45℃大多數的硝化菌會死亡。換言之在寒冷的冬天，硝化作用需要較長的時間才能達到完成，在臺灣因為氣候的關係，我們並不需要特別為硝化作用來調整溫度。

溫度與硝化菌的關係

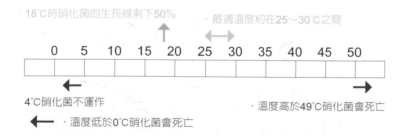

18℃時硝化菌的生長綠剩下50%　　　最適溫度約在25～30℃之間

| 0 | 5 | 10 | 15 | 20 | 25 | 30 | 35 | 40 | 45 | 50 |

4℃硝化菌不運作　　　　　　　　　　　　溫度高於49℃硝化菌會死亡

←　·溫度低於0℃硝化菌會死亡

　　魚菜共生的系統運作中，因為硝化作用的過程中會產生H^+離子所以會導致系統的pH（酸鹼值）愈來愈低。pH值會影響水中分子態氨（NH_3）與離子態銨

（NH₄⁺）的轉換，當溫度高時，pH值愈高，氨濃度比例愈高，水中的毒性也高。反之pH值愈低則銨濃度比例愈高，水中的毒性也較低。另外pH對硝化作用也有很大的影響，最適宜硝化菌生長的pH約在7～8之間，當pH降到6時幾乎所有硝化作用都會被抑制，所以說硝化作用在中性偏鹼的環境中比在酸性環境中更能快速進行。

酸鹼度與硝化菌的關係

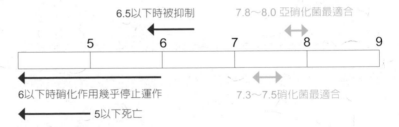

大部分的魚類喜歡偏鹼性，大部分的蔬菜類喜歡弱酸性，硝化菌喜歡弱鹼性。青菜蘿蔔各有所好，怎麼辦？這也是為什麼一般建議把魚菜共生系統的理想pH值定在7（中性）的原因。

水中的溶氧度（Dissolved Oxygen, DO）也會影響魚類與菜類的生長，前面章節也介紹過透過空氣幫浦來提升水中的溶氧度。溫度也會影響溶氧，水中飽和溶氧量隨著水溫上升而減少。所以當溫度升溫太高的夏季，因為溶氧度降低；都市中的河川會常常會有魚

群大量暴斃。溶氧也是硝化作用中，不可缺少的要素之一，同時也是維持硝化細菌生長的重要因子，硝化作用要消耗大量氧氣，建議最少溶氧不要低於2ppm以下，最適5～8ppm之間，但如果濃度太高，若高於20ppm，可能會對硝化作用產生抑制。溶氧度不需特別量測，且專業的溶氧度檢測儀器價格昂貴，一般人無需購買來檢驗。但若有需求，可購買較便宜的溶氧量試劑來檢測即可。所以大致的調適是，當溫度變高時要增進水中含氧，或是想辦法降低水溫。若水體很大，氣候的溫度變化對系統的影響並不會太大；若水體小，氣溫的變化會影響溶氧度的

打氣。

打氣。

選擇場地

設備建置

挑選植物

挑選魚種

系統DIY

建立硝化系統

育苗放魚

日常維護管理

穩定。另外在魚菜共生系統中盡量避免殘餌，有些人會將一些蔬菜葉子拿去餵食雜食性的魚類，也要注意避免葉子腐爛在水中，目的是避免分解過程中需要消耗水中的溶氧，要是殘餌過多還會腐敗惡化水質。

那利用水生植物或藻類來增加溶氧如何？水生植物與藻類在白天光合作用時確實會使水中的溶氧增加，可是到了夜行呼吸作用時卻會消耗水中的氧氣而對魚產生不利的影響。且水生植物與藻類會消耗系統裡的養分，造成與蔬菜搶肥的現象，因此不建議用這樣的方法來增加溶氧。

水中植物。

選擇場地

設備建置

挑選植物

挑選魚種

系統DIY

建立硝化系統

育苗放魚

日常維護管理

系統添加物

　　魚菜共生一如其他的農法，在植物方面也會有缺少某些養分的情形。從UVI（University of the Virgin Islands）的研究報告中，一般葉菜類可能會缺少的元素有鐵、鈣、或鉀（較不常見），以我們實務上多年的運作經驗也是如此。至於補充的方法見仁見智，只要是安全、無毒且經過研究不會影響共生生態系統裡面的其他成員的添加物都是可接受的。從永續和環

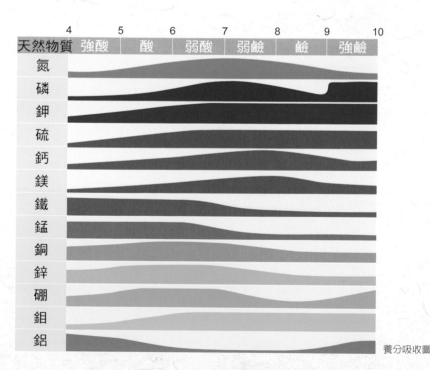

天然物質	4 強酸	5 酸	6 弱酸	7 弱鹼	8 鹼	9	10 強鹼
氮							
磷							
鉀							
硫							
鈣							
鎂							
鐵							
錳							
銅							
鋅							
硼							
鉬							
鋁							

養分吸收圖

保的觀點來說，其原則是以單一的成分或單一的天然物質來補充，因為如此方能提供系統查核管理和避免資源重複或浪費，當然所使用的添加物若能符合有機認證是最好，但若添加綜合性肥料，如酵素或是用化學肥料調配的水耕養液；在嚴謹的魚菜共生學說裡是不被認同的，因為它們含有植物所需的所有養分，也就是說幾乎可以不使用到魚的代謝或排泄物來提供養分。另外一個需要注意的問題是，添加愈多樣愈複雜的成分，愈容易導致系統裡面鹽分的累積；而不利於植物的生長。

酸鹼值

前面的章節裡我們提過一般魚菜共生系統的理想pH（酸鹼值）大都設定在7左右。話雖如此，一般pH酸鹼值若在6.5～7.8之間是不建議採取任何動作的。由於硝化作用會使系統慢慢變酸，所以魚菜共生系統運作一段時間後；pH酸鹼值會慢慢降低。當pH酸鹼值低於6.5時就需要準備調高，因為此時硝化菌的生長已經開始減緩。至於調整的方法，有人會在系統裡放入珊瑚石或牡蠣殼（兩者的主要的成分是碳酸鈣）。UVI系統則是使用氫氧化鈣或氫氧化鉀，調整時要慢慢地調，每天pH酸鹼值增加的數值不要超過0.2個單位，以免魚兒適應不良。如此做法，在調高pH酸鹼值

選擇場地

設備建置

挑選植物

挑選魚種

系統DIY

建立硝化系統

育苗放魚

日常維護管理

的同時也會對系統補充鈣跟鉀的元素。至於新設立的系統有時pH酸鹼值會大於8，若一直居高不下，可以使用鹽酸或是磷酸來降低pH酸鹼值，較安全的做法是把備用水的pH酸鹼值先調低之後才加入系統。

鐵

新設立的魚菜共生系統幾乎都會面臨缺鐵的情形。主要是因為pH酸鹼值較高使得植物吸收鐵肥的效率變低。鐵元素是植物裡面葉綠素的構成要素，而葉綠素是植物進行光合作用所需要的場所。缺少足夠的鐵元素，植物會出現新的葉子萎縮與黃化現象（初期葉脈仍顯現綠色），並且會有生長遲緩的情形。成熟穩定的介質式系統缺少鐵肥的機率比筏式床要來得低很多。

pH	建議使用食用級（食品級）	天然物質
酸低於6.5	氫氧化鈣 氫氧化鉀 碳酸鈣 碳酸鉀	蚵貝粉（蚵殼粉） 草木灰
鹼高於8	鹽酸 磷酸	晒乾的欖仁葉

牡蠣殼。

在魚菜共生的系統中並不是沒有鐵元素的存在，而是鐵元素非常活躍，很容易就跟系統內的其他物質結合然後就被搶走了，導致植物沒有辦法吸收到。原因是魚菜共生系統裡的鐵元素，一般是以可溶性二價鐵（Ferrous Iron）和不可溶性三價鐵（Ferric Iron）兩種形式存在，前者二價鐵可被植物吸收，後者三價鐵則否。當二價鐵在有氧環境中變成可溶性時，很快就被氧化而形成三價鐵，使它無法被植物吸收。

傳統的水生植物種植盆栽，有人會把生鏽的鐵製品放進水中；這樣做在魚菜共生系統裡是否可以補充鐵的不足？事實上把生鏽的鐵製品放到系統中，是可以增加系統裡面鐵的物質，但實際上幾乎無功效，因為所增加的是植物不能吸收的三價鐵，而且系統裡面的三價鐵本來就可能存在很多。

那依照上述理論故意在植栽床裡面製造缺氧區塊，期望系統裡的三價鐵被還原成二價鐵，以利植物吸收是否有效？這個就比較有說服力尤其是在低pH值的系統裡，可是這並沒辦法完全解決如何讓還原狀態的二價鐵離子，可以游離到達植物根系附近充滿氧氣的區域。

那如何解決缺鐵問題，螯合鐵是目前比較好的解決方案，螯合鐵把不溶性的三價鐵（ferric）離子和化合物跟有機分子結合使其變成可溶性。螯合作用是藉由

螯合劑的特殊有機分子來完成，這些有機分子被設計
來捕捉（或溶解）金屬離子，添加螯合鐵就是把鐵鏈
結在有機分子使其變成可溶解於水中讓植物吸收。

最常見的螯合鐵的形式有：

Fe EDTA：有輕微毒性所以建議魚菜共生不該使
用。不該使用的另一理由是它的有效範圍在pH酸鹼值
6.4以下，超過這個範圍它就變得不穩定。所以說如
果系統的pH酸鹼值經常維持在7的話，則添加EDTA
表示可能會浪費很多錢。

Fe DTPA：如果系統的pH酸鹼值經常維持在6～7.5

螯合鐵。

選擇場地

設備建置

挑選植物

挑選魚種

系統DIY

建立硝化系統

育苗放魚

日常維護管理

之間則建議使用DTPA。DTPA是我們建議使用的。

　　Fe EDDHA：如果系統的pH酸鹼值偏高經常大於7.5（新系統較常見），建議使用EDDHA。EDDHA是目前效果最好，適用pH酸鹼值範圍最廣的螯合鐵形式。但EDDHA因為是紅色的，使用後會讓水體呈現紅色，這是必須考慮的。

　　UVI的建議是1公升的水體，添加2毫克的鐵。以DTPA的螯合鐵來說，鐵的內含量約11%，換算得知一噸水體，約添加18公克，每三週加一次。若非定量產出為主的系統可以用目測法，即有發現缺鐵時才添加，建議家用系統的魚菜共生同好，可以在系統剛設置時，先做一次螯合鐵的添加，接下來可以用目測法，有缺鐵時再進行添加即可。判斷的方式就是老葉顏色正常、新葉是否偏黃以及植物成長是否遲緩。螯合鐵的部分，有些國家是有機認可的，臺灣目前還沒有這方面的認證。

　　因為整個魚菜共生的系統希望產出的是可食用的菜與魚，因此添加物也需特別重視來源。添加物其實有很多的天然物可選，例如調整pH酸鹼值可以選擇用牡蠣殼磨碎後添加，也有人把蛋殼磨碎後添加；有些人會使用珊瑚石，但是較不建議，因為珊瑚石的採集對環境是有所破壞的。鉀的部分，有人說用晒乾的香蕉皮放在植床進水口處，也可以使用天然的海藻液來補

充。

　但是一定要添加物嗎？不一定的，完全是看對作物
產出品項的需求。若魚菜共生系統裡的植物長得不好
時，要先考慮其他的因素如日照、溫度，還有魚跟菜
的比率是否足夠供應肥分，若上述條件都沒有辦法達
到應有的水準，添加任何東西也是枉然。另外很多人
習慣拿土耕的模式來檢驗魚菜共生系統的種植結果，
據觀察，土耕的經驗並無法百之百的適合水耕系統，
有些菜種的調適能力較好，在魚菜共生的系統成長
非常迅速；但是有些作物在魚菜共生的系統可以生長
但收成不易，所以就算依照土耕或養液水耕的模式添
加，也不一定能照期望值收成。所以建議種植作物的

選擇場地　設備建置

挑選植物

挑選魚種

系統DIY

建立硝化系統

育苗放魚

日常維護管理

國外進口的海藻
補充液。

商業型農場會透過食用級氫氧化鈣或氫氧化鉀來維持pH值。

選擇，請根據季節來選擇。

選擇添加部分，建議著重於pH酸鹼值的調整控制，跟螯合鐵來補充鐵元素即可。若一定要添加時請依照廠商的投放比率，切勿憑感覺添加，避免影響系統正常運作。

國外也有針對魚菜共生系統開發出魚菜專用的其他微量元素的添加劑，國內廠商也有代理；若有需要也可進一步了解與研究。

依照比率倒入桶中。

倒入自來水溶解。

溶解後倒入過濾系統。

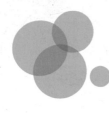

日常維護工作

　　當我們剛開始建立系統時，必須持續監測 NH_3&NH_4^+、NO_2^-、NO_3^-、pH值。；在前面的章節有介紹過當硝化系統建立完成後就不需要頻繁的監測。若系統外觀無太大問題，例如水的清透度、魚的進食狀況、魚的活躍狀況、魚體外觀、植栽的生長狀況，沒有問題的前提之下，建議每兩週到每個月，測試一次pH、NO_2^-、NO_3^-。當測出pH值偏酸小於6.5時，需立即做調整；調整務必是採漸進，即每天一點一點的調整，建議每天調整的數值不要超過0.2單位；切勿一次調整過大以免魚兒無法適應。

日常檢核表
Ammonia - NH_3/ NH_4^+ 氨

數值	可能原因	對策
趨近0	正常	正常
>0.5ppm	・超量餵食 ・新進較多的魚 ・植床介質數量減少 ・蔬菜採收太多	・降低餵食量密切觀察
>2.0ppm	・硝化作用失衡 ・系統裡是否有死魚未撈出 ・是否有異常添加物	・立即減少餵食 ・若持續升高可進行換水1/3清洗過濾 ・檢測pH值是否太低，若低於6.5，著手調升pH值

NO$_2^-$ 亞硝酸鹽

數值	可能原因	對策
趨近0	正常	正常
>0.5ppm	・ 超量餵食 ・ 新進較多的魚 ・ 植床介質數量減少 ・ 蔬菜採收太多	・ 降低餵食量密切觀察
>1.0ppm	・ 硝化作用失衡 ・ 系統裡是否有死魚未撈出 ・ 是否有異常添加物	・ 立即減少餵食 ・ 若持續升高可進行換水1/3清洗過濾 ・ 檢測pH值是否太低，若低於6.5，著手調升pH值

NO$_3^-$ 硝酸鹽

數值	可能原因	對策
小於20ppm 植物正常	正常 - 代表系統平衡	正常
小於20ppm 植物異常	・植物太多 ・魚太少	・ 調整魚的數量與植物比率 ・ 增加魚數量或減少種植面積
大於20ppm 小於80ppm	・ 植物太少 ・ 植物無法吸收 ・ 飼料超量餵食	・ 減少餵食量 ・ 增加種植面積
大於80ppm	・ 魚的數量太多 ・ 植床面積太少 ・ 飼料超量餵食	・ 減少餵食量 ・ 減少魚隻 ・ 增加種植面積

pH 酸鹼值

數值	可能原因	對策
6.5~7.8 （理想值7）	正常	
<6.5	・硝化作用運行的必然結果	・小系統可以珊瑚石／牡蠣殼 ・大系統使用碳酸鈣／碳酸鉀或氫氧化鈣／氫氧化鉀調整，也可使用蚵貝粉（蚵殼粉）／草木灰調整 ・每天pH酸鹼值調整的數值不要超過0.2個單位，以免魚兒適應不良
>7.8	・系統中是否有放置過多鹼性物質，如珊瑚石、牡蠣殼、水泥塊等。建議移除調高酸鹼值的物質	・排除過多的鹼性物質後一到兩週會降下來

 試劑檢測水質示範步驟過程

監控試劑。

選擇場地

設備建置

挑選植物

挑選魚種

系統DIY

建立硝化系統

育苗放魚

日常維護管理

量測 pH

1

測量pH。

2

從養植桶取水。

3

用pH試劑滴三滴。

4

蓋上試管蓋，充分搖晃五秒。

5

色卡比色，量測pH。

量測 Ammonia - NH₃/ NH₄⁺ 氨

1

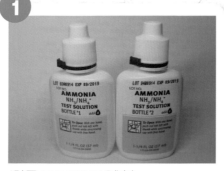

測量AMMONIA試劑。

2

從養植桶取水。

3

用第一罐AMMONIA試劑滴8滴，
搖晃均勻。

4

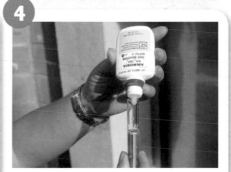

用第二罐AMMONIA試劑滴八
滴。

5

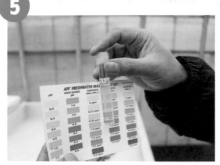

蓋上試管蓋，充分搖晃五秒。靜
置五分鐘，色卡比色。

選擇場地　設備建置

挑選植物

挑選魚種

系統ＤＩＹ

建立硝化系統

育苗放魚

日常維護管理

測量NITRITE NO$_2^-$

1

測量NITRITE。

2

從養植桶取水，用NITRITE試劑滴五滴。

3

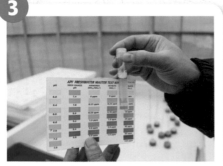

蓋上試管蓋，充分搖晃五秒。靜置五分鐘，色卡比色。

測量NITRATE NO₃⁻

1

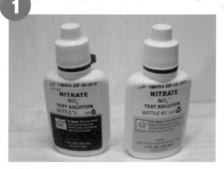

測量NITRATE。

2

從養植桶取水。

3

用第一罐用NITRATE試劑滴十滴
，蓋上試管蓋，充分搖晃五秒。

4

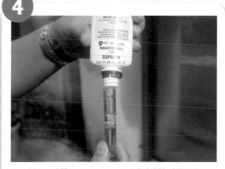

用第二罐NITRATE試劑先搖晃30
秒，滴十滴，搖晃一分鐘。

5

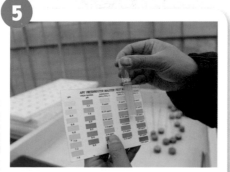

靜置五分鐘，色卡比色。

選擇場地　設備建置　挑選植物　挑選魚種　系統DIY　建立硝化系統　育苗放魚　日常維護管理

🌊 清理沉水馬達

　　另外需要定期清理沉水馬達，小型的水族用沉水馬達會設計有一塊過濾棉，建議將過濾棉先拿起來，可讓清洗的次數降低，依魚的多寡，一週到兩週清理一次。有的魚菜共生系統有規劃沉澱系統，也需觀察清理的週期；有的只是用簡單的過濾棉過濾，若無放

🔧 清理沉水馬達

1

取出沉水馬達。

2

拆卸蓋子。

3

取出軸心清理。

選擇場地　設備建置　挑選植物　挑選魚種　系統DIY　建立硝化系統　育苗放魚　日常維護管理

蚯蚓消化過濾棉上的固態魚便，建議定期清洗。除了過濾系統、沉澱系統外，若用透明塑膠管當管線，也非常容易長藻，因此清洗管路的時間會很頻繁，所以在系統設計的時候必須考慮清洗的需求，清洗的目的是維持水流的穩定，穩定的水流會讓系統比較穩定的運作。

　　植栽部分有蟲害要處理，建議用手抓或裝防蟲網，有網室的魚菜共生也可以用生物性防治方法處理，若有爛葉或病葉建議剪除。另外有些植物需要剪側芽、或灑播的種植需要疏苗。

　　疏苗的目的是要讓植物有足夠的空間生長，疏苗要捨得，將密集的苗拔除，讓其他的苗有足夠的空間與

抓蟲。

光線長大。疏苗要留下比較健康的小苗，若有長著特別高的苗要拔除，因為長得特別高的苗，將來有可能莖部太瘦弱而倒株。可用手直接拔除，也可以用小剪刀剪除。疏苗時要小心不要傷到其他附近的苗。

黏蟲紙。

瓢蟲幼蟲。

Chapter 3

打造自己的
魚菜共生系統

選擇場地

設備建置

挑選植物

挑選魚種

系統DIY

建立硝化系統

育苗放魚

日常維護管理

魚菜共生常見問題

Q：系統能補充自來水嗎？可以用地下水或雨水嗎？

A： 自來水當補充的水是沒問題的，但建議置入系統前，先儲存靜置一陣時間。雨水也是可以的，除非當地酸雨嚴重（如pH＜6）就不建議。地下水的話要看水源的狀況和定期檢驗，若仍有疑慮就不建議使用。

Q：水需要曝氣嗎？

A： 新系統若是用自來水的話，最好經過曝氣半日才可放魚。若是系統補充水，因比例小可不經曝氣，但若水聞起來有很濃厚的氯氣味道，建議還是經過曝氣會比較安全（如颱風天後，自來水廠加強消毒，則必須經過曝氣）。

Q：介質床需要清洗嗎？

A： 當阻塞的情形明顯影響到水流時，就必須清洗。養殖密度不是很高的情況下，且植床裡有飼養蚯蚓的話，一般大約可維持3～4年不清洗。清洗時，請使用清水即可，切勿使用任何化學藥劑。

Q：水耕用的營養液可以添加嗎？

A：嚴謹的魚菜共生農法，只針對短缺的營養成分添加，所以添加營養液是不被認同的。魚菜共生農法致力尋求系統的生態平衡，當系統平衡後大部分植物所需要的營養系統皆可以提供，並不需要用傳統的營養液來供給。

Q：系統長青苔要如何處理？

A：避免讓光線直接照射水體，就可以大幅減少青苔的生長。如養殖桶、沉澱桶、過濾桶使用遮光網。浮筏式植床的尺寸盡量配合浮板的尺寸，讓間隙不要太大，以避免光線照射入浮筏式植床。

Q：虹吸管的目的為何？可以不用虹吸用溢流嗎？

A：虹吸管的優點在於可以增加系統的溶氧和減少植床沉積物的累積，另一個好處是它有很好的教育性。不過就一般葉菜類的生長來說，使用虹吸方式或溢流方式，菜的成長差異不大，所以也可以只使用溢流即可。

Q：可以放入溪或河裡撈的魚嗎？

A：可以的。建議先經過檢疫的程序，以避免把病菌或寄生蟲帶入系統。例如可以在獨立水體的檢疫

Chapter 3

打造自己的
魚菜共生系統

選擇場地

設備建置

挑選植物

挑選魚種

系統DIY

建立硝化系統

育苗放魚

日常維護管理

缸中鹽浴、飼養一段時間,再適溫、對水後放入
系統。

Q：菜一直長不好怎麼辦？

A：一般檢查的步驟是：

1. 檢查日照是否充足、通風狀況,以及環境溫度
和水溫。

2. 量測NO_3^-,若太低可能是養分不足,太高則是
環境和植物的問題。

3. 檢視所種的菜種是否符合季節？

4. 檢視是否有蟲害或病害？

Q：菜一直被蟲啃咬,怎麼辦？

A：因為魚菜共生系統無法噴灑農藥,如果是小系統
的話建議搭網防護或用手抓。大系統的話可使用
生物防治,如草蛉、瓢蟲或較安全的有機方式防
治,如蘇力菌。不過使用有機治劑,仍要盡量避
免流入水體裡。

Q：請問種子發芽到採收需要多久時間？我種的小白菜都長好慢，一個月了仍沒有長大？

A：氣溫適合時，一般小白菜從播種（泡棉育苗）後約26天可採收，若成長緩慢可檢視系統的養分（NO_3^-）是否足夠，另外，日照也是重要因素，須確保至少有半日照。

Q：請問螯合鐵用的是Fe DTPA還是Fe EDDHA？合理的價格大概多少？

A：DTPA適用的pH6～pH7.5，EDDHA適用的pH4～pH9。所以單就適用pH範圍來說，EDDHA是最好的選擇。可是它的鮮紅色常讓人卻步，而且價位也較高，所以一般是推薦使用DTPA。目前400公克的價格約400元。

Q：我是魚菜共生的新手，在陽臺DIY的系統，今日測水質pH7.6、氨8.0、NO_2^- 0.25、NO_3^- 5請問如何作適當的處置？

A：系統是否建立不久？氨濃度很高，可能是硝化作用仍未完全。先減少餵食並耐心等待幾天，氨的濃度應該會降下來。

Q：請問種菜用的浮板尺寸多大？是自行製作或哪裡可以購買？

A：尺寸約95cmx60cm。可搜尋水耕浮板或定植板，我們採用的是市面現成的產品。

Q：一平方公尺植床，約需養多少魚才夠供應養分呢？

A：這是爭議最多的問題，從國外數據來看，一平方公尺約要1.36公斤到5公斤重的魚。如果我們參考UVI的投餌，建議一平方公尺植床，投60公克〜100公克飼料，且考量氣候因素可能造成的差異，一般家庭式的介質床系統規劃，建議使用3公斤的魚，來支持一平方公尺植床的養分供應。

Q：請問我用浮筏式植床種植，菜根好像被一層膜包覆，會影響吸收養分嗎？

A：菜根有一層膜一定會影響養分和氧氣的吸收，請

注意水中是否有青苔或懸浮物，若是固體物太多，請加強沉澱或過濾系統。

Q：植床上的發泡煉石上層要保持乾燥嗎？發泡煉石會因為水位高而漂浮怎麼辦？

A：若發泡煉石有漂浮現象，通常有兩種處理方式，第一是降低溢流管的水位高度，第二個方式是倒入更多的發泡煉石。植床上方要保留一層約3公分當乾燥層，乾燥層不積水避免孳生蚊蠅，也避免因太潮溼引起病蟲害。發泡煉石可用一層3公分的碎石壓住，也可以在碎石上再鋪一層煉石當乾燥層。

Q：若打水高度約50CM～100CM，水體100公升，沉水馬達須多少瓦才足夠？

A：去水族館詢問：「水體100公升，揚程100公分，每小時至少循環一次。」請他們推薦馬達。我想應該7～8瓦就夠了！

Q：沉水馬達裡有濾棉，應該拆掉嗎？

A：沉水馬達裡的濾棉建議拆掉，不然很容易阻塞影響循環。另外，設計上要考慮馬達位置，並且定期清理。

Chapter 3

打造自己的
魚菜共生系統

選擇場地

設備建置

挑選植物

挑選魚種

系統DIY

建立硝化系統

育苗放魚

日常維護管理

Q：請問一下你的魚菜共生系統，除了魚還有放什麼
　嗎？例如營養液，或什麼石頭等？

A：目前只有定期添加螯合鐵，跟調整pH酸鹼度，一
　般營養液不建議添加。養殖池通常是裸缸，不放
　任何東西。

Q：魚菜共生的植床可以用椰纖土、培養土當介質
　嗎？

A：椰纖土因不易分解所以可以使用，而培養土就不
　建議使用，因為除了會影響水質外，它所含的養
　分會使得魚菜共生系統變得沒有意義。但是使用
　椰纖土也要注意過濾的設計，因為椰纖土的渣渣
　掉入養殖桶是非常難以清理的。

Q：**請問pH下降，要如何提升pH？**

A：可以用碳酸鈣、碳酸鉀、氫氧化鈣、氫氧化鉀，或是牡蠣殼、蜆貝粉、草木灰，甚至蛋殼打碎調整，每天pH酸鹼值調整的數值不要超過0.2個單位，以免魚適應不良。

Q：**魚菜共生方式種出來的菜，硝酸鹽及亞硝酸鹽的含量多少？請問都是用試紙測試嗎？**

A：硝酸鹽的含量不會超標，請看本書第三章節及第162頁的文章，您也可以用文內的方法實際測試。

Q：**請問一下有關魚飼料的問題，可以用觀賞魚飼料嗎？**

A：建議是買大廠牌的養殖用飼料，不建議用觀賞魚飼料。觀賞魚飼料價格較高且可能添加增豔劑來增加魚色，並不適合使用於魚菜共生系統。

Q：**魚菜共生農法如何友善大地？**

A：魚菜共生的學術研究，肇始於解決養殖魚業的排放問題。透過魚菜共生的農法，養殖魚類不需排放、不需換水。其次利用硝化作用分解魚排出的氨，轉化成植物所需的養分，不使用肥料，當

然也不使用農藥。這樣的生產模式，對於環境是友善的。全球暖化與極端氣候對於我們的農業環境挑戰非常大，尤其近年來水資源缺乏的問題日益嚴重。魚菜共生的農業方式比傳統農、漁養殖業節省水資源，可以用最少量的水資源來生產食物，因此魚菜共生農法非常值得我們加以推廣。

自己的菜，自己驗！

　　實做魚菜共生已經一段時間了，一直想找個機會驗一下菜的硝酸鹽含量；於是找了時間跑了主婦聯盟合作社。逛了一下沒看到硝酸鹽試紙，問了店員原來冰在冰箱的角落。

　　買回家後，跑到窗戶外的魚菜系統，剪了一段地瓜葉秤了重量。以一比三十的比率跟水放入果汁機，打成蔬菜汁接下來把試紙放入。照說明書的方式操作，放入兩秒後拿出後甩掉菜汁。六十秒後就來比對顏色。數值大概位於0～10之間，我們取10，要把數值乘以30，測出來約300PPM。

　　硝酸鹽的測試是否能精準？根據臺北市北投的明德國民小學101年度的科展報告《「硝」聲匿跡－－降低蔬菜硝酸鹽含量探討》這份報告，他們以地瓜葉為實驗對象，實驗結果告訴我們：根據榨汁方式、葉片老嫩、清洗方式、菜汁放置時間、調理方式、加熱時間這些變數，都會影響硝酸鹽測試的結果。有興趣的讀者可以上網查看這份報告。

Chapter 3

打造自己的
魚菜共生系統

選擇場地

設備建置

挑選植物

挑選魚種

系統DIY

建立硝化系統

育苗放魚

日常維護管理

　　硝酸鹽的測試是否能精準？筆者覺得是值得參考參
考啦！

硝酸鹽測試

1

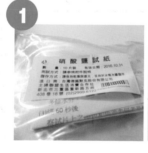 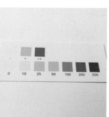  

2

   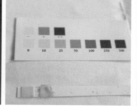

全球
魚菜共生報導

Chapter

4

透過之前的章節，我們了解了魚菜共生，甚至可以自己
打造一個魚菜共生的系統。接下來帶大家看看臺灣與全
球各地魚菜共生的狀況，並提供相關的第一手訪談資訊
讓大家更了解魚菜共生。

臺灣特殊的魚菜共生
發展環境

 臺灣養殖漁業的歷史

臺灣最早的水產養殖位於現今臺南的安平地區，飼養的魚種是虱目魚。荷蘭人占領臺灣時建立了水產養殖的基礎，荷蘭人從印尼引進虱目魚，在臺南建立魚塭，開始了水產養殖，荷蘭人離開臺灣後養殖漁業持續延續，當鄭成功占領臺灣時期就有課徵魚塭稅，《臺灣通史》中也記載：「夫養魚之業，起於臺南。南自鳳山，北暨嘉義，莫不以此為務。」

日治時代日本政府對臺灣水產養殖業進行過統計，1898年臺灣魚塭面積共計5745甲，其中臺南地區約有5509甲，臺中有約234甲。日本人除調查外也針對水產養殖技術做研究改良，在西元1913年於鹿港設立鹿港水產試業所、在桃園廳桃澗堡霄裡庄（今桃園區、八德區）設立霄裡水產試業所，均從事淡水養殖試驗。1918年則在臺南市上鯤鯓（今臺南市安平區）設立海水養殖試驗場，開始進行海水魚介類（魚類跟貝類）養殖試驗與調查。

臺灣養殖關鍵時期是在1960年代，政府與民間的

努力，不斷克服瓶頸，一度創造出「養殖王國」的美譽。產出豐富魚產，外銷至世界各國。使臺灣水產養殖產品外銷量大幅增加，整體而言水產養殖不僅提供國人動物性蛋白質來源，也提升了國際知名度與賺取外匯的商機。

 臺灣養殖漁業大事紀

● 1960年代：成功了研究出數種重要魚蝦類之人工繁殖。

● 1963年：草鰱魚人工繁殖成功，奠定了淡水魚類之繁殖技術。

● 1968年：草蝦人工繁殖成功，確立了蝦類大量生產之契機。

● 1969年：烏魚人工繁殖成功，奠定了海水魚類繁殖之基礎。

● 1970年代：突破虱目魚人工繁殖的瓶頸。

● 1980年代：人工飼料邁入商業化生產，但末期爆發了嚴重的病毒性魚病。

● 1990年代：種類多樣化，包括多種鯛類、石斑魚類、海鱺，以及多種貝類之人工繁殖相繼成功。

● 2000年代：黃鰭鮪養殖成功，繁、養殖技術之精緻化，以及技術和資金之外移。

目前臺灣的養殖業能生產近120種魚蝦貝類，除了

食用魚產外、觀賞魚類也給臺灣養殖漁業帶來了龐大的經濟利益。近年來由於養殖魚業生產成本提高，加上與國外的強大競爭壓力，另外國內的業者將產業帶到中國，或者是勞力較便宜的東南亞國家發展，使臺灣產業嚴重外移，也讓臺灣的養殖技術外流，導致與國外業者的競爭力變得愈來愈薄弱。

臺灣的農業發展

　　臺灣的原住民，最早是以打獵、打魚與採集野生植物的方式尋找食物來源，當然原住民也發展出順應自然的農耕方式，如在山田燒墾的輪耕式農業。鄭成功來臺後，漢人的移民愈來愈多，對食物的需求更高，開墾的土地面積也愈來愈廣，這時農民開始利用枯草樹葉等製成堆肥，在耕作的田地中施肥，這些都可視為臺灣「有機農業」的開端。

　　日本治臺後，把臺灣當做農業產品生產基地。積極開發土地發展各式農業，像是種植甘蔗並發展製糖工業，日本人也成立了臺北帝國大學及農業試驗場，從事稻米及其他作物的研發與品種改良。1926年磯永吉博士（註一）在臺中農事試驗場（現在的臺中農改場）與末永仁（時任臺中州農業試驗場主任，後被尊稱為蓬萊米之母）育成了臺中65號，他的研究奠定了臺灣生產稻米的基礎，並擴大影響了臺灣稻米的產

量。1930年八田與一完成了烏山頭水庫，解決了嘉南
平原的農田所需灌溉用水的水源，擴大農業的生產，
當然日本人為了大量獲取臺灣的農產品，也開始推廣
肥料及農藥使用，並成立肥料工廠生產肥料，讓臺灣
農業進入使用肥料及農藥的不歸路。

　　1945年太平洋戰爭結束後，國民政府在當年十月公
布了「臺灣省管理糧食臨時辦法」並成立了「臺灣省
糧食局」，1945年到1947年，臺灣人口由600萬人快
速增加至800萬人，人口暴增糧食嚴重不足，因此政
府採取肥料換穀制度，辦理稻米增產競賽及保證價格
收購稻米等措施。戰後的臺灣農業和世界各進步的國
家一樣，是依靠高投入（高成本）的肥料增加產量，
使用化學農藥來防治病蟲害，並走向單一作物栽培的
方向來生產。這種生產方式帶動了農作物生產力，但
是也因單一作物大量生產，經常導致生產過剩，價格
低落反而影響農民的收入。這種生產方式也加速土地
的破壞。

臺灣農業大事紀

● 清朝時期臺灣的樟腦與茶葉貿易躋身於世界貿易體
　系。

● 日治時期以「工業日本、農業臺灣」推展米糖經
　濟，臺灣成為米、糖的出口大國。

- 1960年代：臺灣成為香蕉、鳳梨、洋菇、蘆筍罐頭及豬肉的出口大國。
- 1963年：工業產值開始超越農業，以農為主的經濟結構開始變化。
- 2002年：臺灣加入世界貿易組織（WTO），必須迎戰國際競爭。
- 2009年：臺灣農業成功推動蝴蝶蘭、文心蘭、毛豆與芒果成為新的出口產品。

　　臺灣的農業與養殖業都很進步，而且臺灣的農業也慢慢從傳統的農法，走向精緻農業，現在農業的角色由過去糧食供應，轉化兼顧糧食安全、鄉村發展、生態保育等多功能。近年來因食安問題讓消費者與農業經營者，慢慢走向有機或無毒的農法，雖然比率上不高（2016年統計，有機農戶有2932戶，耕作面積6783.6公頃），但是也慢慢被重視。臺灣的農業技術一直在追求技術上的成長，不管慣性農法、有機農業、自然農法或養液水耕，都有一定的技術能力，而且臺灣的農業技術研究人員，對於各種蔬果的種植技術，都掌握得非常好、非常純熟。

　　在臺灣這種農業與養殖魚業都蓬勃發展的環境下，魚菜共生這種農法非常值得推廣。

　　1997年美國維京群島大學的詹姆士・羅克希

（James Rakocy）博士，當初是為了減少養殖的換水率而開始研究Aquaponics的，而近年來地球暖化與氣候變遷的影響，極端氣候的挑戰讓水資源愈來愈珍貴。若有效利用魚菜共生的農法，可以大幅減少用水與減少使用肥料與農藥，這也是種友善環境的生產方式。

　　也許有人會以魚菜共生需要搭溫室，要使用電力來質疑這樣的生產模式。但設施農業可以對抗氣候的變化，而養殖漁業本來就需要使用電力，並且透過適當的設計，魚菜共生使用的電力並不大。因此我們認為魚菜共生農法必須被農業從業人員與政府相關單位重視，而且在臺灣農漁並重的環境，是非常值得推廣的。

註一：
　　磯永吉，1886年生於日本廣島。1911年畢業於東北帝國大學農科（現今北海道大學），1912年來臺擔任臺灣總督府農事試驗場的技手，1914年晉升為技師，1915年任臺中廳技師（今臺中農改場），與末永仁（時任臺中州農業試驗場主任，後被尊稱為蓬萊米之母）進行臺灣在來稻與日本稻改良的研究；末永仁為了克服稻熱病進行了兩種稻種「龜治」與「神力」的雜交，並於1929年培育出「臺中65號」，開啓了臺灣蓬萊米的新時代。
　　1921年任臺灣總督府中央研究所農業部種藝科長兼殖產局農務課技師。1927年擔任臺灣總督府臺北高等農林學校講師。1928年以〈臺湾稻の育種學的研究〉論文獲博士學位，研究的成果讓當時在來米產量提升，也促成蓬萊米育種獲得成功，以此研究報告獲頒

1932年日本農學會農學賞。

　1930年升任臺北帝大理農學部熱帶農學第三講座（作物學）教授兼大學附屬農場長。1942年轉任臺灣總督府農事試驗所所長兼臺北帝國大學教授。1945年戰爭結束後繼續留在臺灣，擔任臺灣大學農藝系教授與省農林廳顧問，1954年完成其畢生代表作《Rice and Crops in its Rotation in Subtropical Zones》（亞熱帶地區水稻與輪作物）一書，並以此獲頒1961年日本學士院賞。直到1957年始以71歲高齡退休返日。

　磯永吉對臺灣的農業研究、實務、教育等，有著卓越的貢獻與成就，他奉獻畢生心力，臺灣米也因此舉世聞名，被尊稱為「臺灣蓬萊米之父」，磯永吉退休時，時任臺灣省主席嚴家淦代表中華民國政府頒贈景星勳章，省議會亦提案通過贈予磯永吉博士終生每年1200公斤蓬萊米，感謝他對臺灣農業的貢獻。他返國後定居於山口縣，並從1958年起在山口大學教授熱帶農學論課程。1972年1月21日逝世於岡山縣，享年85歲。

位於臺大校園的磯永吉小屋。

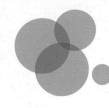

GoGreen.tw
水耕報導網站

　　GoGreen.tw 是臺灣第一個，也是華文地區唯一一個專門報導水耕、水植、水生植物、魚菜共生、植物工廠的網路專業媒體。GoGreen.tw 企圖用深入與長時間追蹤報導的方式，關注相關的議題。除了臺灣的讀者外，約有三成的讀者來自其他使用華文的國家。GoGreen.tw 報導比較特殊的，他們不只收集全球相關資訊，也第一手到現場採訪。進而將亞洲的魚菜共生相關資訊，透過網際網路傳送到全球。今年GoGreen.tw 也特別訪問了魚菜共生之父詹姆士‧羅克希（James Rakocy）博士，並獨家在本書刊登。

GoGreen.tw臉書粉絲專頁，網址：https://www.Facebook.com/GoGreen.tw。

GoGreen.tw網站，網址：http://www.GoGreen.tw。

臺灣魚菜共生先驅
陳登陽老師專訪

　　陳登陽大學主修森林系，畢業後進入外商銀行服務。2010年底屆臨退休之際，因家中二樓陽臺有一小塊地方想種點東西以打發時間，他覺得土耕複雜，便開始動手搜尋大學時期頗為好奇的水耕，卻在過程中發現「魚菜共生」（Aquaponics）這個新農法。一開始覺得魚菜共生宛如龐氏騙局般令人感到狐疑，所以下定決心要找出真相，由於長期在外商公司服務，外文能力佳，而魚菜共生農法在當時的國內幾乎沒有任何資訊，因此便開始在網路上收集、研究國外的資料，也透過加入數個國外討論區與外國網友印證所得到的資訊正確與否。

　　研究愈深入愈覺得這個農法符合現在人們對於生態和環保的理念，因此從退休前三個月開始潛心鑽研魚菜共生系統的原理、運作和應用。2011年3月退休後，陳登陽有比較充裕的時間，便開始動手在林口家

中二樓的陽臺，建立自己的魚菜共生系統，這期間他花了兩、三個月的時間尋找所需的資材，比較特別的部分是，他首次在陽臺建立系統時就採用比較大型的系統，因而特別到南部去訂購FRP（玻璃纖維）材質的植床，製作FRP的廠商對他開出的尺寸規格覺得非常好奇，還再三跟他確認尺寸無誤，而這個植盆的尺寸，也讓這家廠商後來在魚菜共生這個領域占了商業上的先機。

　　一開始本來想把養殖桶放在二樓，但是擔心水體重量過重，後來把養殖桶放到一樓。因為喜歡玩獨木舟釣魚，有一段時間用塑膠管做了許多方便在獨木舟上釣魚的設計，而非常了解塑膠管材料的應用，所以家中魚菜共生系統的管路都是他自己一手規劃、設計

陽臺魚菜共生系統。

和施工。在家建立系統時，因有感於臺灣魚菜共生資訊的極度缺乏所以同步在痞客邦建立了「魚菜一家——魚菜共生Home Aquaponics」的部落格用以記錄系統建置的過程。2011年6月刊登了第一篇文章〈Aquaponics 養殖與水耕複合系統簡介〉（資料來自農委會水產試驗所全球資訊網），之後也寫了一篇魚菜共生的介紹。他陸續透過照片和說明在部落格分享操作魚菜共生的實務經驗，頭一年幾乎沒有什麼人造訪其部落格，之後慢慢引起了不少網友的關注，漸漸地也有各地網友開始進行建置自己的魚菜共生系統。

陳登陽在網路上非常熱心地回覆網友大大小小的問題，當網友要求去現場參觀時，只要在時間允許下也都熱情招待，最多的時候一週招待了八組網友來家裡參觀，來參觀的除了一般的個人，也有團體、相關產業的業者，甚至有來自國外的同好。目前大家熟知的幾個魚菜共生農場的創辦人等，都來過林口參觀過陳登陽家中的魚菜共生系統。

陳登陽家中的陽臺魚菜共生系統，設置在一樓的養殖桶為1.5噸裡面裝了約1.2噸的水，總植床面積為6平方公尺。透過馬達把水抽到二樓的植床，水流經過植床後，再回流到魚池，而當時魚池中飼養的是約40隻的錦鯉以及約10隻的臺灣鯛。三年多來家中陽

臺的魚菜共生系統當然也遭逢過一些問題，例如馬達故障、pH過高、蟲害等，其他問題包括，2013年的冬天林口低溫降至5度，導致飼養達約2斤重的臺灣鯛死了三條。雖然陳登陽小時候家裡是農家，但他從來都沒種過蔬菜，開始研究魚菜共生後，陳老師在陽臺種植過黃瓜、小黃瓜、番茄、草莓、九層塔、茼蒿、白菜、菠菜、青江菜、萵苣（波士頓萵苣、皺葉萵苣）、京水菜、芝麻菜等。

經過了約一年在陽臺的成功經驗，在2012年中陳登陽開始有個念頭想要建立一座大一點的農場來印證所學，無奈一直找不到一個合適的地點來實現，不過所有大型農場設計上和計術上的完整細節，一直在陳登陽老師的腦海中盤旋激盪。他有空時就會思考各個環節，並不斷上網研究細部的資料。隨著更多的人知道魚菜共生，陳登陽的部落格點閱率愈來愈高，且透過網路的力量，陳登陽開始受邀到全國各地與各地同好交流並傳授正確的魚菜共生觀念。

他認為一般家庭式的魚菜共生系統會失敗，大都是肇因於事前所做的準備功課不足，或是沒有考慮到日照等環境的問題，且硝化系統的建立是需要時間和耐心的。有些人參觀別人的系統後回去就依樣畫葫蘆照著做，但往往因為忽略了某些重要環節而失敗，現

今網路資訊豐富，因此建議有興趣做魚菜共生系統的人，要多看、多比較，或者找有經驗的農場去上課，了解魚菜共生的基本原理。

由於種種原因，魚菜共生熱潮逐漸的出現許多負面的評論，例如很多人說魚菜共生系統只能做小系統在家裡玩，要做農場是不切實際的！也有許多去上過課程的人，在實作時遇到問題也沒有人可幫其解決，基於這些負面因素已經影響魚菜共生的正常發展，陳登陽決定要闢除謠言，以正視聽，所以開始積極尋找合適的地點來籌設一個農場。

終於他說服了結拜兄弟陳慶賢先生在他的一塊農地上搭建一個網室並一起投入魚菜共生這個領域，於是他們倆攜手加上一群親朋好友成立了「魚菜一家」林口魚菜共生展示農場，正式投入推廣魚菜共生的行列。2013年底陳登陽和其團隊開始整地、搭設溫室並於2014年1月開始建置系統。2014年三月中購買第

農場建構初期。

一批魚苗後農場開始正式運作。本預計3個月內第一批疏菜可以產出，沒想到系統比預期的穩定的多，且因農場為全日照，植物生長速度較快，所以四月中就採收了第一批菜。

由於蔬菜生長快速且品質優良，加上農場裡超乎尋常的乾淨整齊，立即吸引眾多關注魚菜共生發展的研究單位和同好前來觀摩，除了GoGreen.tw 網站率先報導外，還有聯合報、大愛電視臺、地方電視臺和商業週刊等媒體的報導。「魚菜一家」因此奠定其在臺灣魚菜共生界的地位。

2014下半年先後有農工中心（財團法人農業工程研究中心）和工研院（工業技術研究院）選定「魚菜一家」做為講習觀摩和課程配合的農場，也有數所大學聘請陳登陽擔任課程發展委員，期望魚菜共生帶入到學校課程。2014年11月也獲得《ASC》（Aquaponics Survival Community Magazine）雜誌的報導，是臺灣第一個出現在國際性雜誌的魚菜共生農場。

陳登陽的農場主要是參考UVI（註一），一方面是因UVI系統的完整研究資訊可以在網路上取得，另一方面認為魚菜共生農場要量產之前必須需先透過如UVI 的模式在臺灣的環境下試運行，並收集各類型種植與養殖的數據。

在農場內，陳登陽廣泛地種植各類的蔬菜，他笑

秋葵。

洛神花。

稻米。

高麗菜。

稱：「只要拿得到的種子，都拿來種！」一方面是多方嘗試，一方面也是種挑戰，他表示相對於小的系統，大的系統穩定度較高系統表現較佳。在實驗種各類葉菜類外，也試了像稻米，玉米等，亦有高達兩公尺半的秋葵以及長得非常快的洛神花等。

　臺灣水耕種植農業的發展在過去幾年中，已經取得了卓越的進步，也為後來魚菜共生系統的崛起，打下了有形或無形的基礎。在傳統電子媒體於2013年7月報導魚菜共生後，魚菜共生系統逐漸更廣泛地被一般民眾所知悉。2014年水耕農業的議題幾乎在媒體上失

收魚。

定植。

採收作物。

採收作物。

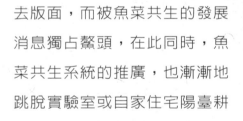

清洗沉澱桶。

去版面，而被魚菜共生的發展消息獨占鰲頭，在此同時，魚菜共生系統的推廣，也漸漸地跳脫實驗室或自家住宅陽臺耕種的階段，開始思考如何進入商業運作的模式，長遠看來，這是一條必經之路，否則只會淪為園藝取向的休閒活動，而無法將其推升蛻變為一種新型產業經濟，讓更多的消費者可以受惠於這種新型農耕系統，同時減少水資源的浪費以及農藥化學物品的使用。

　　我們長期關注全世界水耕產業的發展，非常樂見許多熱愛農耕的同好，相繼投身於水耕以及魚菜共生的生產模式，同時更熱切期待在將來各位產業先進能夠屏除過去的框架和成見，站在一個更高的視野來看待水耕和魚菜共生在臺灣未來的平行發展。臺灣地窄人稠，都市化程度日益加深，水耕和魚菜共生將會是在傳統土耕之外，確保穩定獲取本土農產品來源中，最適合推展的選項。在臺灣過去擁有農業與養殖業都極為成功的基礎上，相信未來是個開花結果的一年。

　　註一：

　　「UVI」系統魚菜共生的學術性研究始於1997年時美國維京群島大學的詹姆士・羅克希博士和他的團隊。這個可商業化的魚菜共生系統包含水體31.2噸的養殖系統和214平方公尺的種植面積，利用浮筏式耕作。因為詹姆士・羅克希在University of the Virgin Islands工作，因此這樣的規劃與系統也被暱稱為UVI系統。

林口「魚菜一家」農場規模介紹：

養殖水體：12噸的水體。

養殖魚種：目前約有900條的魚。加洲鱸300條、錦鯉400條、臺灣鯛200條。魚會因收成而調整。

種植面積：60平方公尺，約可以種植4500株菜。

邊烤魷魚邊推廣魚菜共生

　　在自家後院建立魚菜共生系統的嘉義市民蔡坤良，
他本身對種植蔬果很有興趣，曾經到埔里學習育苗，
但在自家後院土耕種植的經驗都不太好，有時候是忘
了澆水，植物乾枯而死；他又不喜歡用農藥，有時候
有蟲害又把菜吃光光。

　　2012年他在《國家地理頻道》了解到有魚菜共生的
概念，便開始在網路上尋找相關知識。為了了解魚菜
共生他還特地跑到烏來的魚菜共生農場參觀，也參考
了林口「魚菜一家」陳登陽的部落格。蔡坤良在2013

NFT與養殖桶結合。

收成的臺灣鯛。

團長魚菜共生系統種出的臺灣第一顆魚菜共生高麗菜。

年5月份開始試著建立自己的魚菜共生系統,在實驗的過程當中遇到障礙,都仰賴網路與請教陳登陽,因此他深深感覺到網路的重要。

蔡坤良想透過網路,糾集全國各地網友一起研究分享魚菜共生的知識,於是他構想透過LINE與Facebook建立魚菜共生分享社團。2014年三月份他開始在Facebook設立「AP魚菜共生系統分享團」,同時成立了LINE群組。他希望與同好在網路互相研究魚菜共生系統,並透過同好的交流可讓系統運作更順暢。而且網路有個好處,新手能快速的透過網路了解及建立魚菜共生系統!尤其透過Facebook可以很快速地互動,不管是照片或是影片,都可以互相交流。

他的社團成立後三個月就破兩千人加入,也讓許多同好都紛紛成立相關社團。蔡坤良可以說是開啟魚菜共生在Facebook上討論與分享的先河,他表示從未

社團舉辦的魚菜共生講座。

預期Facebook社團同好參與的速度這麼快，短短的
時間就糾集了數千名同好。而且網路社團的成員各行
各業都有，年齡從13歲到60～70歲都有，不同行業
背景的人加入了Facebook的魚菜共生社團，也讓不
同的思維與設計都可以在網路直接討論。

　　因為自從對魚菜共生產生興趣後，一直想要找個可
跟同好互相研究分享的地方，但一直找不到，想不到
設立這個社團後竟然有這麼多同好加入，這真的不是
當初所能想像的。

　　蔡坤良表示一開始臺灣有魚菜共生系統的人並不

多，大部分是分享國外的魚菜共生系統，另外有賴像「GoGreen.tw」這些專業的媒體報導，與挖掘各地同好的系統出來分享。慢慢地全國各地有系統的人愈來愈多了，在社團上分享的人也愈來愈多。

蔡坤良本身在夜市擺攤賣烤魷魚，自從發現魚菜共生這種農作方式後，一方面對自己有療癒作用，照顧菜、照顧魚便成一種很好的休閒活動，更可以讓家人吃到自己種的無毒蔬果是最大的樂趣。他希望讓更多人了解魚菜共生系統的好處，自己種菜、自己養殖、自給自足、減少食物里程，對這個地球的環境就能更好一些，他也積極辦理一些社團活動，像參訪、開課程等。蔡坤良表示特別感謝林口「魚菜一家」的陳登陽，實作魚菜共生上給他很多技術上的指導，社團辦理活動也大力支持與參與；蔡坤良也參與發起陳老師的魚菜共生推廣協會，希望透過協會能推廣魚菜共生到各地。

在嘉義文化路夜市賣烤魷魚的團長。

　　有沒有看過在夜市推廣魚菜共生？如果您來嘉義市
觀光，記得來最有名的文化路夜市買烤魷魚，蔡坤良
團長會邊幫您烤魷魚邊跟您聊魚菜共生喔！

後記

蔡坤良團長在2017年三月，決定結束烤魷魚的生意，專心投入魚菜共生系統
的開發研究。直至2017年七月，Facebook的「AP魚菜共生系統分享團」，
已經有兩萬一千多名成員。

阿德的魚菜共生，
開心就好

臺南市安南區的魚菜共生玩家洪奉德，本身從事保險金融相關工作，因為土耕澆水太頻繁，加上臺南太陽實在太大了，常常下班回來發現植物都快枯竭，所以才轉向研究魚菜共生。

從去年2013年八月開始設置系統到現在，洪奉德也不吝在「阿德的魚菜共生（Aquaponics）」BLOG上分享他的心路歷程與製作的心得。從2013年八月開始陸陸續續設置系統，現在家中二樓、三樓的陽臺都塞滿了魚缸和植床；連一樓的車庫、大門的門簷上他都不放過，對於魚菜共生玩家來說空間永遠是不夠的。

目前是以介質床為主，也建置了浮筏式植床。本來考慮管耕的製作，後來考慮到南部的氣候，管耕可能不適合夏天，便決定暫時不製作管耕的系統。洪奉德表示當初在網路上看到魚菜共生的模式，覺得魚菜共生不錯，就在網路上查資料，也參考了林口陳登陽的BLOG。

大樓上的門簷。

透過反光增加蔬菜的光照，順便隔熱。

　　他在Youtube找國外的相關影片，認真看了很多國外製作的影片，有些影片還重複看了好多遍。洪奉德說：「看那麼多遍，主要是看別人系統的細部設計，有些設計剛開始看不懂，重複看了幾遍就了解其中的奧祕。國外很多的魚菜共生玩家的影片其實都會透露很多的訊息，讓我們去了解更多的細節。」

　　魚菜共生對於臺南的洪奉德來說，就是「開心」兩個字。看著菜一天一天長大。長多少採多少，當種的東西有收穫有成果，其實那個心情是真的會很開心。

　　洪奉德認為魚菜共生並不難，但管理是最重要與最

難的，如何用心去管理自己的系統是大家必須費心的。他現在也是學校魚菜共生社團的指導老師，更受邀到社區大學去授課。一方面推廣魚菜共生生態農法，一方面也分享自己魚菜共生的經驗。

　　2015年開始，洪奉德利用工作之餘自己設計、施工，假日更帶著小孩一起動手，將廢棄的工廠改造成魚菜共生開心農場。洪奉德開始構思改造時，考慮了很多方案，後來決定利用工廠後面廢棄的紅磚老屋來養魚，在旁邊的空地種菜。如此設計的主因是為了因

植床內的蚯蚓。

蚯蚓蛋。

建置校園系統。

收成的魚。

洪奉德利用工作之餘自己設計、施工，將廢棄的工廠
改造成魚菜共生開心農場。

假日帶著小孩一起動手改造。

洪奉德在紅磚老屋屋內養魚。

屋外的空地種菜。

應氣候的變化，當夏天南部天氣炎熱時，屋內魚桶的
魚可以避暑，冬天則可以禦寒。而洪奉德建造農場
時，也大量利用二手、廢棄材料。約十三坪的農場，
只花了七萬多元買材料。這個可以種植約一千株蔬菜
的微型魚菜共生農場，不只可以供應一家四口每天所
需要的青菜蔬果，還可以與鄰居親友分享。這是城市
版自給自足的半職半農生活。

十三坪農場的青菜蔬果，還可與親友分享。

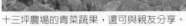

廢棄工廠改造的魚菜共生小檔案

‧ 魚桶：1.2噸＊2

‧ 種植面積：11平方米

‧ 總水體約：5.5噸（魚菜共生農法採用水循環養殖，不需換水）

‧ 寶石鱸約：60隻，每隻約15〜20公分

‧ 水耕定植板：約18板＋介質耕作

‧ 沉水馬達：100W＊1

‧ 空氣幫浦：40L（36W）＊2

‧ 總耗電量：172W，每月約300〜350元電費

魚菜共生讓青年從城市回到鄉村

　　黃振瑋從小就對生物科學非常有興趣，大學及研究所便選讀了養殖關科系。海洋大學研究所畢業後，體認就業環境的現實，為了先存第一桶金才有辦法實現自己的想法，於是進修了電腦程式設計課程，轉行開始從事軟體設計工作。

　　因興趣使然，他在工作閒暇之餘，先是在家中飼養了熱帶魚、水草缸等觀賞魚類，後來愈養愈多，也養了食用魚蝦類，澳洲淡水龍蝦、筍殼魚、寶石鱸、銀鱸等。某次偶然的在網路上發現了Aquaponics魚菜共生這樣的農法，能夠產出健康的魚和菜，覺得很有趣便一頭鑽入。

　　經過了一年多的搜尋資料與學習，滿肚子的心得與想法等著實現，便毅然決然地辭掉了工作，利用家裡的空閒農地，蓋了兩座圓頂溫室。依照自己的設計，自行DIY建立起魚菜共生系統。

　　因為是養殖本科系，對於養魚並沒有太大的問題，

但各類蔬果的種植卻是全新挑戰，在經過一年四季的實戰經驗，也慢慢找出一些原則。瓜果類肥分要求比較高，不容易栽種，因為整枝、摘側芽、授粉等管理時間比較多，要種得好並不容易。然而葉菜類就相對簡單，只要照著季節種植，魚水肥分充足，通常就長得不錯。至於水中的添加部分，他一向遵循Aquaponics原則，只有調整pH值和添加螯合鐵。四年下來的經驗，維持這樣的添加就已經足夠，以他的觀察與實驗，種菜對於魚類高密度養殖，可以有效降低過濾設備的投資。透過適當的設計規劃，也可以讓養殖的經營成本降低。

　　黃振瑋也接受林口「魚菜一家」陳登陽的邀請，

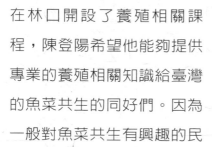

在林口開設了養殖相關課
程，陳登陽希望他能夠提供
專業的養殖相關知識給臺灣
的魚菜共生的同好們。因為
一般對魚菜共生有興趣的民
眾，通常對養殖並不在行。若能有更正確的資訊提供
給民眾入門，可以降低犯錯的次數。

　　黃振瑋的妻子沈曉瑄也是他的大學與研究所同學，
專門研究藻類。在農場成立第二年後也辭掉研究工
作，回家一起從事魚菜共生的工作。

　　沈曉瑄非常堅持生產健康、安全的作物，她是一位
媽媽，讓家人可以吃到健康無毒的食物是非常重要
的。他們夫妻倆認為自身的養殖專長，在魚菜共生這
一個領域可以有更深入的發展，未來也規劃海水版的
魚菜共生系統，將來或許會有藻類或高經濟價值的作
物。

　　黃振瑋表示：「希望做差異化的生產，一方面可以

增加產值；一方面也可以提升產品競爭力。」目前他們農場的行銷方式，採取定點團購直銷方式，一週有三天出貨，分別為竹南、桃園、與臺北市民生社區。

　　雖然去年農場也擴廠增加種植養殖面積，但目前還是供不應求，常常被客戶追著跑。但他們並不著急地再擴充生產面積，振瑋在農場規劃了溫控設備，準備為挑戰新的作物而準備。

　　從終日須全神貫注在電腦螢幕的辦公室，或是在實驗室與辦公室兩頭忙碌的上班生活，回到日出而作、日落而息的農漁養殖生活，黃振瑋與沈曉瑄夫妻倆除了獲得更多與家人相處的時間之外，也一步步朝著自己的目標前進。

翊豐健康魚菜共生農場小檔案（持續擴廠中）

· 溫室面積：約140坪　　　　　· 年度總產量：魚跟菜共約10噸

· 生產數量：約300塊水耕板　　· 目前主力產出魚產：銀鱸、丁桂魚

· 總水體：約40噸

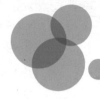

降低食物里程，
回鄉魚菜共生

　　吳玟澄主修的是食品相關科系，一路從龍潭農工唸到屏東科技大學研究所。接觸到魚菜共生時，首先想解決的是食物里程與碳足跡的問題，他認為唯有從生產面來著手，自己能產出食物才是解決食物里程之道。選擇魚菜共生的另一個理由是，魚菜共生同時有產出菜、也產出魚，這是一種兼顧的生產模式。

　　利用服兵役的時間花了半年的時間構思整個魚菜共生的架構後，透過長輩的協助，2012年11月建立了第一個實驗的場所，一開始整體的運作還不錯，但因為沒有考慮到冬天太冷、夏天太熱的問題，遇到了障礙，所以後來又建立了第二組系統來運作。

　　為了收集各類數據，第二組系統特別規劃建立五個獨立魚槽、五個獨立植床。吳玟澄專心飼養紅尼羅魚，他認為紅尼羅魚的飼養較為單純，另外價格比臺灣鯛稍高，也較適合臺灣的氣溫。紅尼羅魚養殖的時間也比較適合商業運轉，因此挑選此種魚種，每槽養

殖不同大小的魚，目前一噸水可以養到七百隻的魚苗，當魚慢慢長大後，再移入到適當的魚槽。

　　吳玟澄目前也有將魚小量出貨給魚菜共生的同好，而同好對於魚的品質評價也很高。菜的部分以種植當季的蔬果為主，也透過養殖浮萍來調整水中氨氮的成分。此外，吳玟澄在植床中也放入泥鰍、淡水龍蝦、蘋果螺等生物來解決藻類的問題，而目前只有泥鰍適應得較好。對他而言，目前這兩年的運作與各類型的實驗，給他很好「KNOW HOW」的養成。

　　有關魚菜共生在商業運轉方面，吳玟澄思考之後表示並不會養殖高單價的魚，或種植高價的特殊的菜種。他希望將來的產出以平價為主，原因是平價的產品會讓大眾較易接受。再者，吳玟澄也提到，在地的宴會餐廳已經向他探詢未來購買其所養殖魚隻的可能性，所以他認為商業性的運轉在可見的未來是能被期待的，因此同時也在規劃未來商業性的生產。

　　在訪談中我們觀察到，有微生物學與食品科學基礎的吳玟澄，對魚菜共生的養殖哲學是，避免施放任何化學添加物。因此，蔬果只求生長健康不求美觀壯碩，而魚隻若生病，就先進行觀察、斷食或隔離，絕不施放藥物治療。養殖場中的蔬果看起來雖沒有市面上所販賣的那般亮麗，但是它們充分發揮了淨化水質及再循環的功能，讓數公尺以外的魚隻有一個非常健

康的水質環境，體現了魚菜共生系統最獨特的運轉原理。而返鄉以「魚菜共生」做為創業主軸的吳玟澄，不僅實現就讀龍潭農工時的創業夢想，也期待他能開創出新的商機。

魚菜共生住宅設計概念

　　鄭筱微來自嘉義縣，家中的蔬菜都是阿公、阿嬤在田裡種植的。北上來念書後，親身感受到都市的生活模式跟鄉村大不相同，因此在選擇論文題目時，思考將微型農場的概念放入論文中。除了從小與家人的鄉間種植經驗外，鄭筱微也特地去上了樸門與魚菜共生的相關課程，思考如何將微型農場的概念整合到建築物中。

　　也因鄭筱微對老舊建築相當有興趣，她也非常喜歡城市中的巷弄文化的氛圍。因此選擇以改造老舊公寓為主要研究方向，希望透過老公寓的改造設計，將綠建築的概念整合到舊房子內。那為什麼選擇魚菜共生呢？除了老建築比較不耐重，魚菜共生的無土栽培比較輕。另外魚的養殖也可以養觀賞魚類，整合到室內做為觀賞景觀用。

　　鄭筱微在魚菜共生的研究與接觸過程中，也在系上的實驗室建立了微型的魚菜共生系統，試做了三個多

月，也確立是種可行的方式，因此決定研究改造老舊公寓，並注入魚菜共生的設計。設計的概念中除了家家戶戶都可以自行生產蔬菜外，更可以透過頂樓的公共空間的設計，讓住戶有個共同交誼的場地。鄭筱微表示，希望讓都市中的居民可在家建立微型農場，一方面可以做為休憩的活動，也可以降低食物里程。

　　魚菜共生系統目前在臺灣的發展是處於起步階段，養殖者多半在地面上建置網室或者自家陽臺中建立系統。鄭筱微的概念可視為以一種新的角度，跳脫一般農漁業的框架，來看魚菜共生在臺灣未來發展的多樣性。將整套魚菜共生系統導入大型建築物設計的一部分，甚至是主軸，值得欲將魚菜共生系統與其他領域或產業進行結合的同好們思考。

退休後魚菜共生新生活

　　莊芳斌退休前是從事水處理相關工作，退休後在網路上看到魚菜共生的介紹，想要自己種菜、養魚給家人食用，因此尋尋覓覓，最後在樹林租了一塊地，著手自己建立自己的魚菜共生農場。因為自身的工程背景，因此網室內的設備都是莊芳斌自己DIY設計與建立的。

　　他的農場從2014年1月建設完成後，每天到農場照顧魚與菜，變成最佳的休閒娛樂。莊芳斌表示魚菜共

生是一種不施肥、不用農藥的農業生產方式，非常值
得推廣。他表示曾在1999年去澳洲阿德列德參與飼養
金目鱸魚，澳洲的養殖方式是在室內用循環水高密度
的養殖方式，這樣循環水養殖系統有一套過濾系統，
可以將魚的排泄物氨轉換成硝酸鹽，這套系統也是跟
魚菜共生的基本原理共通的。

　　農場目前生產的蔬菜與魚，除了可以提供家人健康
安全的食物來源之外，也可以將多餘的農漁產品銷售
給親朋好友，此外莊芳斌也開放他的農場，提供教學
與農場導覽服務，希望可以將這樣友善環境的農法介
紹給更多的民眾。

「做中學，學中做」
了解魚菜共生的原理

位於臺北市大同區的重慶國中，學生社團中有一個特別的社團：「魚菜共生社團」。

周睿騏是重慶國中的家長，雖然小孩子已經從國中畢業，但他仍然在學校擔任志工，因此大家都叫他周爸。周爸喜歡種花花草草，也喜歡養魚。在網路上看

到魚菜共生，非常有興趣，在家研究實驗做了一組魚菜共生小系統。

重慶國中有兩個池塘，因此構思是否能將魚菜共生導入。取得學校的同意後，在其中一個池塘開始試做魚菜共生。周爸盡量採用廢棄的材料來建置學校的魚菜共生系統，一方面除了降低建置成本，另一方面也是推廣環保回收廢物利用的觀念。他先做一個簡單的過濾系統，濾材就利用自家公司產品來替代（周爸是迪化街永樂市場的布商），先把池塘的水過濾清澈，然後用PVC塑膠管搭浮筏。

周爸去市場跟攤販拿要丟棄的塑膠籃當植床，開始在池塘上種起各類植物。慢慢的這個池塘水質的狀況愈來愈好，植床上的植物也蓬勃發展，老師與學生也開始對魚菜共生發生興趣。因此周爸變在重慶國中開立魚菜共生社團，希望透過魚菜共生的課程讓同學可以認識微生物與生態循環的概念，並了解如何利用巧妙的循環系統讓植物來淨化水質，給魚一個乾淨的水質。魚也供應植物所需的營養，達到共生的目的。

周爸表示，都市小孩很少有種植與養殖的生活體驗，魚菜共生可讓都市小孩有機會認識植物與魚類的生長，也讓學生有實作的機會，貫徹從做中學的理念。下次有機會來重慶國中，記得來看看這裡的水池，欣賞一下校園的魚菜共生。

老爸跟兒子吃醋——
機械工程師返鄉從農

　　老爸跟兒子吃醋，阿公種的菜小孩不愛吃，老爸種的菜小孩喜歡吃，這是怎樣的狀況？吳明煜是一位機械研發工程師，高中與專科都是念機械科系，就業時選擇相關工作；他從產品開發到生產線設計都需參與，上班時非常忙碌，甚至下班或是假日都需要在家工作。

　　2013年因為要回家照顧年邁的雙親，逐辭職回家。在醫院陪伴家人時，吳明煜思考人生的方向，興起創業的念頭，他想要做一份「讓自己健康與別人健康的

工作」，但創業需要龐大資金，家裡務農的吳明煜想著能否善用家裡的農地，從事安心農產的生產。

　　因此他利用陪伴家人的時間，開始在網路尋找各種農法，恰巧發現魚菜共生農法。他對於魚菜共生的生產模式非常有興趣，特地到林口「魚菜一家」農場參觀、上課。經幾多思量決定在自家的農地上先蓋了兩座四十坪的溫室，進行魚菜共生生產的實驗。

　　他的父親原是農夫，種了幾十年的稻子，現在年紀大了退休，只種種菜給家人與親朋好友分享。他的父親一輩子當農夫，認為當農夫沒有前景，而吳明煜讀書、就業時都沒從事過農業；當然農家的小孩農忙時，也需要幫忙，吳明煜笑著說：「小時候對務農的印象只有『很累、很熱、很癢』。」

　　因此當吳明煜跟家人提出要在農地上搭建兩座溫室來養魚種菜，父親並不太支持。父親認為農業太辛苦，也覺得他沒從事過農業相關工作，還要養魚，實在太冒險，還是應該回到原來的職場上班。但吳明煜堅持要做魚菜共生的農業，一方面去林口跟陳登陽學

習，一方面收集各類資料。

2014年九月初蓋好溫室，他用自己工程的背景，自行動手建立整個魚菜共生系統，十一月開始種菜。從完全沒有經驗，慢慢地自己去學習累積種植與養殖等經驗。吳明煜表示，這兩個溫室是他實驗、收集數據的實驗場所。透過這兩個溫室的運作更強化他的想法。

2014年完成的兩個溫室共八十坪，養殖了一千四百條鱸魚，水體總共約四十六噸水，使用自來水；兩個溫室每日約用電量約十度。家人對他的魚菜共生一開始並不認可，直到他種出各種菜，且一批一批的收成。尤其當他的小孩開始只喜歡吃他種的菜，而「嫌棄」阿公種的菜時，他慢慢能被家人認同了。

老爸種的菜被「嫌棄」當然不服氣，要跟兒子PK。早一點採收、嫩一點採收。經過幾番的「比試」，他的父親慢慢可以接受，也願意將種菜給家人吃的重擔交給吳明煜。因此他父親也常被附近的農人詢問：「到底種什麼菜？水耕蔬菜不用營養液怎麼種？」他跟詢問的農人表示，以前不了解魚菜共生，但看到兒子一批批的收菜，慢慢可以理解魚菜共生農法的可行性，且透過溫室栽培生產，蔬菜的品質非常好。他還開玩笑的說：「兒子都不給我進溫室！」

不給父親進溫室原因很簡單。因為吳明煜為了控制蟲害的發生，嚴格的管制進出溫室的次數，怕頻繁進

出讓蟲或蟲卵被夾帶進入溫室，一旦發現蟲害也立即
整區處理，避免蔓延。因為魚菜共生無法使用農藥，
因此嚴格的管理可以換得高品質的農產品產出。

　　吳明煜以前上班工時非常長，他認為設施農業只要
管理的好，不需要太長的工時。魚菜共生的生產模式
跟水耕產業類似，只是把營養液換成魚類養殖。魚菜
共生要商業生產必須倚賴設施，是種設施農業，當然
建置的成本比傳統農業較高，但是相對人力的需求比
傳統農業小非常的多。

　　2015年8月吳明煜開始擴大生產面積，但因遇到颱
風，整個溫室工程延宕到2015年底才初步完成。2016
年的極端氣候，並不影響日常生產，他預計2017年年

底新的溫室開始投入生產。吳明煜目前銷售是透過親友團的介紹，做區域性的直銷，目前銷售不是問題，但因年底會擴生產面積，也正在規劃銷售計畫。

吳明煜對於他將來的農業事業有三六九計畫，因此工作之餘也開始研究土耕、自然農法。他表示：「魚菜共生非常適合蔬菜，但我們還想吃別的如水果或是飯啊！」因此希望建立好魚菜共生產銷系統後，往其他農作物去發展。但他只有一個堅持，要採取無毒安全的生產模式。

農業的創業需要專心與專業的投入，吳明煜用魚菜共生農法做為他創業的出發點。他的阿公也是農夫，也許農夫的DNA早就在吳明煜的身上點燃，從一個機械工程師轉行回家當農夫，堅持用無毒安全的生產農法，創造一個新的事業。

煜盛香魚菜共生農場小檔案

· 溫室面積：約500坪
· 生產數量：約1300塊水耕板
· 總水體：約350噸
· 年度總產量：菜年產量約九噸
· 目前主力產出魚產：鱸魚

臺灣水產養殖專家
陳懸弧先生專訪

　　日前有幸能夠與國內資深水產養殖專家陳懸弧，就臺灣水產養殖和新興的魚菜共生領域等議題，以餐會型式進行了訪問，並代為養殖同好提問了數個問題。

　　陳懸弧從小即熱愛魚蝦類養殖，大學海洋系生物組畢業後，便投身於臺灣水產養殖的研究與發展工作。時至今日，陳懸弧已多次代表臺灣經濟部所屬財團法人國際合作發展基金會，率領農業技術團前往海外，協助其他國家在水產養殖上的發展，其中包括了進行魚苗繁殖、吳郭魚養殖推廣，導入鄉鎮家庭式水產養殖發展，從而協助當地人民最後能夠自給自足，解決開發中國家偏遠地區民眾對健康食材的需求。

　　陳懸弧除了在海外擔任水產養殖顧問外，也活躍於國內外水產養殖社團、冷凍食品等產業，同時也出版數本有關水產養殖發展之著作與專文。

　　以下是陳懸弧先生以其個人養殖漁業的經驗，回答網路社群媒體朋友的提問，給魚菜共生的同好們參考。

Q：要如建立一個健康的生態魚池，需要有那些條件？

A：請師法大自然環境，愈接近自然的條件，狀況就愈好。

Q：光線重要嗎？

A：不太重要，除了視覺外，魚本身活動時會運用觸覺、嗅覺功能來覓食和躲避危險。

Q：辨別魚的健康狀況有什麼簡單的設備可以測量，或是可以只憑眼睛看魚的活動力或水色？

A：以魚的活動力為主，水色在戶外魚池與室內魚池不同；水色可能要有經驗才有辦法辨識，而研究學術單位才會頻繁量測，實務上只有感覺異常時才會量測。若需要量測時，會進行測試pH（酸鹼值）、DO（溶氧值）、NH_3（氨）、NO_2^-（亞硝酸）等。

Q：水體菌種的多樣化可否有什麼經驗可以看出來或驗出？

A：只有研究單位才有能力檢驗。

Q：一般畜牧養殖業目前用益生菌讓豬、雞、牛活得
　　更健康，自身免疫力夠進而減少或不用藥，那水
　　產部分如何培養有益的菌，或如何看出？

A：水裡的菌種對魚是有利的！無法用肉眼看出菌
　　類，但活菌的確對飼養有幫助。有業者專門經營
　　這類產品。

Q：水產養殖，需不需要換水？

A：若管理得當，不需換水，只需補充水，因為水會
　　蒸發會流失。以現在的養殖漁業，換水通常只有
　　在魚有狀況時才會進行。

Q：當水產有病害時的處理方式？

A：處理方式有很多種，但要依狀況才能知道要如何
　　處理。大致上的應變方式如下：
　　1.停止餵食，持續觀察。
　　2.增加打氣，提高水中含氧量。
　　3.有病變的魚蝦要立刻移出，隔離觀察，避免交
　　叉感染，殃及整個魚池。
　　4.若酸鹼值異常要調整，例如過酸時，可以採用
　　石灰拉升。
　　5.情況嚴重必要時得更換水。
　　倘若以上這些選擇工具都無法改善時，我的做法

可能會放棄整座魚池。把魚蝦移除，水全數放光，曝晒魚池，甚至消毒。

Q：養殖時會用藥嗎？

A：通常只有高經濟價值的魚又接近成魚階段時，業者才會考慮用藥來避免損失。用藥的部分要看經營者，愈昂貴的魚，若魚狀況異常，用藥的可能性會提高。一般的魚或低價的魚，用藥的機會非常低，因為不合成本。養殖的人會盡力控制好環境，真正有大問題時才放棄整個魚池。

Q：水產適合的pH是？

A：每種魚種適合的pH不同，但多以pH7為主。經驗上來說，長期穩定的pH值比任何怎樣的pH還重要。以實務經驗來說，養蝦池的pH在6.2～8.2之間適合，然而我曾在斯里蘭卡看到一座養蝦場，該場的水池pH穩定維持在5.4，卻養得非常好。

Q：水產養殖密度多高比較好？請以曾經協助過的水產養殖魚類舉例。

A：若想提高養殖密度，經營者必須投資設備與更高的經營成本。高密度養殖絕對是將來的趨勢，大家都想要有更多的產能，密度這個部分並不重

要，端看整體的系統設計是否能負荷。

Q：能否建議三類魚種（短中長期魚獲）？

A：若以魚菜共生的方向，要排泄物多又好養的，還是建議臺灣鯛。臺灣鯛是個很適合的魚種，只有在冬季時須注意低溫問題。

Q：除了吳郭魚外還有合適的魚種嗎？

A：建議鯉魚類的，適合低溫。錦鯉也不錯。

Q：江團魚適合嗎？

A：臺灣養殖上似乎還沒看過，無法建議。

Q：養殖所用的飼料，有國家標準之類的可以依循？

A：有國家標準，臺灣的飼料業者約有六十多家；以大廠較安全。

Q：可以用土池做循環水養殖嗎？

A：可以。

Q：循環水養殖中，沉澱池放入文蜆目的是什麼？

A：文蜆有濾食性，應該是這原因吧！

Q：以目前世界上，是否存在最低耗能，生產用的循環水養殖系統，是養什麼？哪種結構呢？

A：養殖業比較封閉，大眾並不知道狀況。以現代的臺灣養殖技術，耗能已經不像以前那麼高，而且除非魚的狀況異常，不然也不需大量換水，只需要補水。傳統的印象要用很多電、很多水，事實上要看它的事業體，若有好幾甲地，或上百池的量，當然用電用水多。想提高生產的效能，高密度養殖，才可能比較高耗能。

Q：以常見的臺灣鯛和鱸魚類為例，怎樣的飼料營養成分是最好的？有哪些天然的方式可以增加魚體抵抗力或生病的治療方法？

A：鱸魚不太好養，要養的好得要花功夫。飼料的蛋白質含量為重點，以肉食性的魚類，要注意飼料中的蛋白質含量。但要特別注意的是，蛋白質有分為植物性或動物性蛋白質；動物性蛋白質含量較高、較好，但當然含量愈高愈貴。餵食部分，以生產效率上來說，成長期餵食次數多，等到成魚期餵食量減少（因為餵多成長有限）。天然的方式增加魚體抵抗力，例如利用活菌、或功能性飼料。但是維持魚池環境與水質的良好才能讓魚健康的成長。

　　陳懸弧在訪談中強調，養殖環境的布建，須師法大
自然生態原有的設計。愈接近原始生態的環境結構，
養殖便容易成功。

魚菜共生共同體雜誌專訪

維多利雅‧凱莉

　　目前的魚菜共生理論基礎來自美國，因此國外的魚菜共生發展比臺灣健全。

　　本章節特別專訪報導國外倡導魚菜共生的知名人士或農場，例如，魚菜共生之父詹姆士‧羅克希（James Rakocy）博士，這是他第一次接受亞洲地區的媒體專訪。也訪問《ASC》雜誌的創辦人，進一步了解這本全球知名的魚菜共生雜誌；更專訪了日本魚菜共生株式會社創辦人。

　　另一方面，筆者親自造訪位在美國明尼蘇達州的雙鰭魚菜共生農場，以及結合魚菜共生農場的印度菜餐廳，企圖讓讀者能更全面了解魚菜共生產業在全球的蓬勃發展。

Our Son Learning Aquaponics

Below are pictures of Mike and Ryan building the AP system at home.

Q：能否分享是基於何種動機，您開始對魚菜共生產
　　生興趣並且決定投入其中？

A：大約在七年前，我的家人決定設置一個魚菜共生系
　　統，這對我們來說是一個很有趣的工程，因為我
　　的丈夫和兒子有機會可以一起參與。此外，我的
　　家人想要攝取更健康的食物，也就是不摻有基因
　　改造（GMO）或其他添加物的食材，我一直都在
　　尋找一個好方法來解決這個問題，剛好魚菜共生
　　的養殖方式符合這條件，我為此感到非常雀躍。

　　魚菜共生對我的家人而言，包含了飼養魚隻、耕
　　種一個家庭所需的蔬果以及對我兒子產生療癒作
　　用的農耕方式，我最小的兒子在年幼時接受了肺
　　炎鏈球菌疫苗，之後產生了副作用，我們發現魚
　　菜共生對他產生了療癒的作用，讓他的情緒變得
　　穩定。我的兒子喜歡上照料魚隻的過程、測驗水
　　質並看著植物一天一天慢慢地長大。我極力把這
　　種教育方式推薦給在情緒管理上需要額外協助的
　　幼童。

Q：什麼樣的原因讓妳想創辦
　　《ASC》這本雜誌？

A：因為我在書店或是網路上找不

Some of the ASC Magazines.

到一本提倡魚菜共生的雜誌，我想要地方上的社
區、學生和教師整合在一起，同時鼓勵小型企業
去關注及研究魚菜共生。我覺得有人得去扮演這
個角色，喚起大家的注意，所以我決定去創辦這
本雜誌。

Q：這本雜誌所聚焦的議題有哪些？

A：當我們兩年前開始營運這本雜誌時，它真的只是
告訴讀者在自己家裡面、陽臺或是後院，可以養
殖什麼樣的魚和菜。直到去年，我們已經可以提
供更多的資訊，包括臺灣、香港、英國、澳大利
亞和部分歐洲地區的魚菜共生農夫，來和大家分
享他們養殖的故事。

《ASC》雜誌希望能夠成為一本國際性的雜誌，
讓各階層的人都可以學習和了解魚菜共生，特別
是眾多汙染源以及水、土中含有毒素的環境下，
飼養、種殖自己所需的食物在當今是非常重要
的。也曾有過大學主動和我們連繫，希望能把文
章刊登雜誌上；也有樸門農藝的工作者在雜誌上
分享故事，以及一些小型的企業在雜誌上行銷一
些新的想法。

我們對所有議題不設限，衷心希望在家養殖所需
的食物是一條健康且可行之道。透過介紹一般的

民眾在家養殖新鮮的蔬水果和魚隻，來告訴人們
魚菜共生這不可思議的系統，大家都很興奮可以
在家自己當農夫，且最後還能成為老師教導自己
社區的居民。

Q：**妳自己有一個魚菜共生的系統嗎？ 譬如，一個放
在後院的小型系統或是一座溫室？**

A：我們有一組家用系統，包含一個1250公升的IBC魚
槽以及3座植床和1個過濾槽。這座魚菜共生系統
曾有過許多挑戰，大部分是因為天氣的關係，由於
我們住在科羅拉多州（Colorado）的山區，高度海
拔2.44公里，所以在冬天時，水體結冰的速度非常
快，我總是在尋找一個更加經濟的替代方法來為溫
室保溫。採用電力來為魚槽水體加溫非常昂貴，所
以我們只好選擇春天以及夏天進行養殖和耕種，但
是現在我們正計畫改變這模式，我們將採用建構地
下溫室（Walipini）的方式來為溫室儲存更多的熱
能。我曾在許多地方見過這樣的設計，所以打算在
科羅拉多州設置一座地下溫室。

Q：**妳有沒有舉辦活動來行銷妳的雜誌或是舉辦活動
來和妳的讀者面對面交換心得呢？**

A：我們參加魚菜共生會議以及相關的節日，所以

我們只要有機會便去訪談來參加的業者、企業代表、演講者，同時認識其他人。我覺得很幸運可以認識結交這個產業中的朋友。主持《The Aquaponic Source》的Sylvia Bernstein和主持《Green Acre Aquaponics》的Gina Cavaliero，她們是在魚菜共生領域中，我極力推崇的兩位女性！我深感榮幸，能成為她們的朋友。

Q：**就妳所知，有多少美國家庭或者美國民眾，固定消費由魚菜共生系統所生產的農作物？**

A：這是一個非常好的問題。我知道魚菜共生產業在美國日益茁壯，大部分前來造訪我們在Facebook粉絲團的民眾，都是想學習如何在自家栽種健康的食材，在Facebook粉絲團中，我們有將近四萬人的會員，且會員數目持續增加中。

美國人民現在極力排斥基因改造食品，期盼有更健康的食物能夠選擇，這樣的趨勢和思惟，帶動了魚菜共生的興起。美國人民想清楚知道，究竟食物裡的成分是什麼？而為何人們得自己耕種食材？這種種因素都是導致美國民眾漸漸不再選擇超級市場中的食材；美國從第二次世界大戰以來，便一直是鼓吹社區進行自家耕種精神的國家，在二十一世紀，我們再次在魚菜共生當中發

現到了這個精神。

Q：您覺得何種策略最適合推廣魚菜共生？

A： 由各地魚菜共生業者所開設的課程，會對推廣產生非常大的助益。《ASC》雜誌致力於協助這些業者進行推廣，而我們的專欄作家不僅用文字向大眾提供建議，同時他們自己本身也是在社區教導以及協助人們設置系統的魚菜共生的業者。這些專欄作家在魚菜共生上的專業知識與技能，總是令我感到佩服，我深為我的團隊感到驕傲，大家都已準備接受更多挑戰，這些專欄作家也透過雜誌的平臺，獲得更多粉絲的支持。

此外，我也覺得全世界的政府，應該要以更實際的眼光來看待魚菜共生的發展，並且支持這些農夫或是相關業者。我們每個人都需要支持這些運用魚菜共生系統，來提供我們蔬果與蛋白質的農夫。

Q：妳對美國的魚菜共生系統在未來發展有什麼期待？

A： 如果我們持續進行大規模農耕，遲早有一天會完全耗盡土壤中的養分，產生含有高鹽分且貧瘠的景觀。魚菜共生在未來將成為在溫室中食物生產的一部分。

我個人強烈主張要極盡所能用最自然的方式來生產食材。在食物、水和土壤當中所發現的殺蟲劑和其他毒素，都會汙染我們的身體。我已經開始透過《Food For Thought》這個網站來教育人們知道更多有關於食物的成分，我們別無選擇，只能更致力於未來食物安全的確保，如何養育栽植、如何教育我們的下一代。

Q：**魚菜共生在美國面臨何種問題或挑戰？**

A：美國正面臨著乾旱的問題。用大型農耕來栽種農作物的方法已經不再完全可行，特別是在面對水資源保護的議題，如果我們要保護水資源，就不太可能再抽出上千加侖的水來灌溉農地，加州的住宅供水與水井都面臨乾旱問題，而這都是因為錯誤管理水資源的結果，潔淨的水已經變成非常稀有珍貴的商品，而魚菜共生的農業系統正可以改變並解決這些問題。

魚菜共生之父
James Rakocy博士專訪

Q：您是從什麼時候以及如何開始從事魚菜共生的研
　　究？您為何對它產生興趣？您目前在美國或者泰
　　國有在進行有關魚菜共生的養殖嗎？

A：當我在1977年前往奧本大學（Auburn
　　University）攻讀博士學位時，我便開始投入
　　魚菜共生的研究，我對可以替代池塘養殖的再
　　循環水產養殖系統（Recirculating Aquaculture
　　Systems）產生興趣。再循環水產養殖系統
　　中的問題之一，則是硝酸鹽離子（Nitrate
　　Ions） 的快速累積，也就是最終的硝化作用
　　（Nitrification），水中的硝酸鹽濃度過高時會
　　成為有毒物質，為了避免硝酸鹽的累積，再循
　　環水產養殖系統中大約10%的水量，需要每
　　天用潔淨的水交換替代，因此有大量的水會排
　　放流入周遭的環境中，而在排放的水中含有氮
　　（Nitrogen）、磷（Phosphorus）和其他硝酸鹽
　　等物質，會對大自然中乾淨的水體帶來汙染。

因此，我開始動手研究如何利用栽種植物來移除水中的這些營養物質，從而減少水產養殖系統中水的排放，同時創造出一些有價值的栽種副產品，於是我在再循環水產養殖系統中加入了栽種場所。在奧本大學時期，我使用了幾種水生植物，包括了可食用的西洋菜和菱角，而水族觀賞植物則包括了苦草（Vallisneria）和水蘊草（Egeria）以及其他一些價值較低的水葫蘆（Hyacinths）和水萍（Duckweed）。這些植物在高營養成分的水中成長茁壯且非常健康。

我投入了33年的時間，進行魚菜共生的研究以及在奧本大學和維京群島大學（the University of the Virgin Islands）操作魚菜共生系統，所以我退休之後便不再從事魚菜共生的養殖。然而，我願意盡我所能來提供給魚菜共生業者任何的協助，從而避免錯誤的發生，並且傳授我所得到的知識與經驗。

Q：大部分的魚菜共生業者都養殖吳郭魚；您是否建議在魚菜共生系統中養殖高經濟價值的魚種來增加獲利？

A：在魚菜共生系統中所養殖的魚種和所種植的蔬果種類，應該是選擇能夠提升獲利的高價值，同時

是在現有市場無法取得的魚種或菜種。有些魚菜
共生系統是養殖高價值的魚種，例如，金目鱸、
莫瑞鱈和寶石鱸。這些都是來自澳大利亞的原生
魚種，但是金目鱸（又稱亞洲鱸魚）已經被輸
出送往其他國家的魚菜共生系統中養殖。虹鱒魚
（Rainbow Trout，又稱三文魚）亦是魚菜共生系
統中常見的魚種。我曾經在緬甸執行過一項魚菜
共生計畫，成功地養殖在當地經濟價值非常高的
鰻鯰（Stinging Catfish）。若我們對魚類的生物
科學了解足夠的話，在世界上可能有非常多的魚
種適合在魚菜共生系統中飼養。

然而，某些魚種需要不同的水質管理技術，因為
這些魚種有可能無法忍受對植物很重要的養分，
譬如，硝酸鹽離子或鉀，而某些對魚隻有利的化
合物，譬如氯化鈉（Sodium Chloride）便無法與

植物相容。

雖然如此，吳郭魚仍是魚菜共生系統中最優越的魚種，在某些市場中，例如亞洲餐廳外場水族箱中的新鮮吳郭魚，便能以高品質和高價位在市場上交易。

Q：您對打算建置商業用魚菜共生農場的業者有什麼樣的建議？

A：相當多的前置作業需要在建置商業用魚菜共生農場前完成，一個打算經營商業用魚菜共生農場的業者，必須盡可能獲取更多有關魚菜共生的知識，這位業者必須參與一堂或兩堂專業的課程，可以的話應當去農場實習，並參加那些安排有魚菜共生講師的研討會議、參訪魚菜共生農場、研讀有關魚菜共生的書籍和文章；同時很重要的一點是，聘請合格的顧問前來評估其建置或優化系統設計，並且替你撰寫操作手冊，成功或失敗往往取決於專家口中的一小條建議。

搭建有效的魚菜共生系統，僅只是前置作業的一半，市場調查研究和擬定營運計畫必須同時進行。一名魚菜共生業者必須研究市場，來找出何種產品是需求面所期望以及何種產品的利潤最高，商業用魚菜共生的總體目標，是要充分善用

每一分空間以及每一分時間來創造最大的獲利。
商業用魚菜共生業者亦必須決定農場能創造多少
產品，並且計算出所有產品的持續性銷售，是否
能為農場的運作帶來利潤，同時得剔除掉管銷費
用以及資本投入的支出。

Q：**有些美國的魚菜共生農場獲得美國農業部所頒發的
有機認證。然而在大部分的國家，這似乎是不可能
的事情，肇因於法規的限制，無土的農業耕種都不
被視為有機農耕。您對此議題的看法如何？**

A：農夫乃是透過例如椰子纖維等有機介質，來進行
移植栽種，以及把植物及其賴以固定生長用的介
質完整置入，透過保麗龍浮筏支撐的水耕網盆，
來規避被視為無土耕種的規定。在操作技巧上，
這就可以被定義為是一種透過植物根系突出水耕
網盆隙縫，然後進入水中的非無土耕種。

有機魚菜共生的困境是在於使用這些被認證
的有機營養添加物，其中主要是鈣（Ca）、
鉀（K）和鐵（Fe），而一般被使用的有碳酸
鈣（$CaCO_3$）、硫酸鉀（K_2SO_4）和一種稱為
Biomin®的有機鐵。這些天然化合物不是價格昂
貴就是很難溶解於水中。許多打算成為有機農場
的美國業者，都因為這緣故而宣告放棄使用，改

採行「無藥物噴灑」的方式來廣告、促銷他們的農產品，因為消費者真正想知道的答案是，在他們所吃的食物上有沒有農藥的成分殘留。

Q：就您所知道，有多少美國的家庭或個人，固定消費由魚菜共生系統所產出的農產品？

A：最近有一篇發表的文章，採用嚴謹的調查研究方法，發現在全球各地採集回收的809份有效樣本中，有80%的魚菜共生系統是座落在美國境內。其中占最大多數的系統（約84%）被認定為是個人嗜好類別的系統。毫無疑問地，有許多正在運作的魚菜共生系統，並沒有被包含在這份研究調查範圍之內，若以這份研究調查來看，消費食用魚菜共生系統所產出農產品的數目應該非常小，然而魚菜共生在發展上仍處於初期階段，個人嗜好玩家、商業用魚菜共生農場和消費食用魚菜共生農產品的數目，一定會在未來呈現倍數的成長。

Q：一個更有效能的過濾系統，譬如：內濾鼓式過濾機，會對魚菜共生系統產生任何助益嗎？

A：微型鼓式過濾機在移除固態排泄物上非常有效率，但是很多水會因為過度噴灑的作用，而在系統中流失掉。固態的排泄物因受到噴灑的作用，而從網孔

上剝落然後和新的水進入水槽內，在這過程當中，相當數量乾淨的水伴隨著含有養分的水，由於過度噴灑的作用而在系統中流失，這樣的現象可以說是違背了要在系統中累積養分的宗旨。

珠型過濾器（Bead Filters）對魚菜共生系統而言，亦不合適。從魚槽中所流出的水，必須在壓力下被輸入珠型過濾器，幫浦中的刀盤葉片會擊碎排泄物，造成在清除上更加困難，打水用的幫浦機應該設置在植床後端，協助將水送回魚槽，除此之外，太多細小的排泄物會直接穿透過珠型過濾器，最後沉澱在植床的底部。

有更多關於移除排泄物的研究需要著手進行，但

就目前而言，裝設過濾用淨化裝置的被動式排泄物清除方法，可以說是最理想的方式來移除排泄物以及保留水中的養分。

Q：在有關於餵食與生長空間比例的議題上，維京群島大學的魚菜共生系統建議，針對每平方公尺的生長空間，一天需餵食60至100公克；然而，威爾森・雷納博士則建議一天約餵食20公克（1公斤的餵食可以支撐1500株萵苣，推導出一平方公尺的空間能夠種植30株），為什麼這其中有這樣的差異呢？

A：維京群島大學的魚菜共生系統的餵食比例，是應用在浮筏式系統（深水養殖），同時固體排泄物能夠完整的移除，以及每天約1.5%的換水率，雷納博士的餵食比例則是運用在介質床系統（例如：發泡煉石等），不進行換水，而固體排泄物殘留在系統之內，並且被微生物分解（礦化）。

另外還有其他的因素造成差異，譬如萵苣的種類和萵苣在被採收時的重量。如果你的介質系統承載過多的有機物質，則會有阻塞的情形發生，導致厭氧性的形成，同時水流渠化，遇到較大的介質時則繞行而過。簡單來說，如果承載過多的有機物質，系統將會崩潰，清洗商業用系統的介質

床是一項不實際的選擇。因此，我們建議採用介質床來栽種的系統，只限制在嗜好玩家的規模等級，而浮筏式對大型商業用系統而言，是一項較能接受的方式。

Q：有些魚菜共生業者在系統中加入EM菌（酵素），您對此有什麼看法？這對系統有幫助嗎？

A：我們曾經進行過將「有效微生物群」（Effective Microorganisms，簡稱EM）加入系統當中，但是我們並沒有發現其對植物生長有任何顯著的改善。

Q：維京群島大學（以下簡稱UVI）的魚菜共生實驗迄今已經超過十五年，您覺得有沒有需要針對最原始的UVI設計，進行任何改善？如果有的話，則是哪一部分？

A：UVI的魚菜共生系統的發展事實上迄今已經超過二十五年，在這過去十多年當中，並沒有針對系統做任何重大的改變，然而這並不表示系統不需要做任何改善。有一個需要進行改善的地方，就是有關固態排泄物的移除，UVI系統的被動式固態排泄物移除裝置，包括圓柱錐型淨化器和裝有防鳥網的過濾器，運作得非常完善，然而圓柱錐型淨化器造價昂貴，不易取得，且表面下的安裝

需有配合錐型體的要求，除此之外，必須將雄性的吳郭魚魚苗放入過濾器中，來刮除圓錐上的固態排泄物，同時保持排水管暢通。一週清洗過濾槽兩次是有點耗時（每週每座系統約清洗兩個小時），固態排泄移除裝置的部件大小會限制水流速率，連帶也限制了魚槽大小和生產能力，可以預見將來會進行一項全面性針對處理固態排泄移除和改善效能，以及增加系統產能的研究計畫。

Q：為何商業用魚菜共生直到今日仍是一個小眾市場，即使在魚菜共生最為普及的國家，例如：美國和澳洲，也是如此？您認為在未來有較大成長的可能性嗎？

A：魚菜共生系統需要不同設備與材料的組合，譬如：水槽、水管和配件、打水幫浦、風扇、保麗龍浮筏，以及在惡劣的氣候中可以控制的環境結構和系統（例如絕緣的建築物、溫室、暖氣或冷氣空調系統）。因此，若要使得養殖栽種的農作物獲利，則必須仰賴在鮮魚和農作物價格昂貴且不易取得的小眾市場中，進行直接的銷售。資本投入和管銷費用，需由高利潤的獲取來抵銷，魚菜共生的產品無法在商品市場中，和那些在戶外良好生長條件下，且大規模種植並且以半價運送

與銷售的產品競爭。

可以預見在未來魚菜共生系統將像現在商品農作物一般，在數十公頃規模的理想戶外場地上建置起來，這些系統將必定設有，能夠勝過傳統農業許多倍生產力的遮陽棚水塘、雷射切割平整的植床，而其獲利就和商品農作物價格一樣理想，同時又能保育環境。這些都是未來的魚菜共生研究者要接受的挑戰。

Q：**以您的觀點來看，是否建議我們的協會應該為魚菜共生農場設立一套準則規範，然後予以認證？例如，從生態和環境保育的層面、從魚隻數目和栽種數目之間的比例是否適當、安全材料與添加物等層面來檢驗是否符合魚菜共生的精神。**

A：我相信協會必須要做的第一件事情，就是建立一套準則規範，然後頒發認證給予符合規範的魚菜共生系統零售商和顧問。一些販售不良系統設計的公司和提供錯誤建議的顧問公司，已經嚴重傷害到美國的魚菜共生產業。這些不合格的商家和顧問並沒有受過專業的訓練，也不具有豐富的經驗，最後導致農場財務上的虧損，並且重創魚菜共生產業的形象，特別是可以對魚菜共生產業提供資金和加速魚菜共生進行商業運轉的贊助者眼中。

協會應當向社會大眾宣傳，只向被授予魚菜共生認證的公司進行採購，以及聘雇持有認證的顧問，這些所謂的冒牌魚菜共生業者在美國是無法獲得認證，協會不會針對不合格的特定公司和個人進行公開的評論，只是純粹不授予認證而已。

所以魚菜共生認證要如何公平公正地頒發呢？有一項簡單的方法，便是魚菜共生協會的會員採用秘密投票的方式來決定認證的頒發對象，協會及產業中的成員，通常都知道誰是惡名昭彰的冒牌貨，美國魚菜共生協會和大學研究學者最近才採取行動，禁止一名眾人皆知的冒牌魚菜共生業者參與某些活動。

同樣重要的是頒發認證給遵行「良好農業規範」的魚菜共生業者，同時極力向零售商宣傳，應該只跟持有「良好農業規範」認證的魚菜共生業者購買其養殖的產品。就某方面來看，魚菜共生系統是需要良好的管理操作來帶來增加產出。魚隻的餵食比例必須正確，如果使用了農藥或者抗生素，一些對水淨化不可或缺的微生物將無法生存；如果系統的基礎建置錯誤，將會產生鈉（Sodium）的累積，最終導致植物的死亡。

然而，魚菜共生硬體設備製造商有可能在沒有注意的情況下使用，不會對系統產生影響，但是會

對人體健康帶來傷害的建置材料，他們的系統也
許無法終止有害的生物體傳播（Bio Secure），
因此將使農場的操作者，極易受到人類病原體所
帶來的汙染。所以，建立一個魚菜共生業者認
證的機制，可以減少販售不合格的魚菜共生產品
零售商，並且消除對魚菜共生所產出的魚隻或蔬
果還有不安全感的恐懼。引發了由食物導致的疾
病，也能夠得到法律上的賠償。

欲獲得「良好農業規範」認證的魚菜共生業者，
需要被要求去設置一個能夠監控，例如：大腸桿
菌（E. Coli）、沙門氏菌（Salmonella）等病原
體的標準系統，為防止食物中毒的爆發，完善的

監測數據資料，可以保護魚菜共生業者免於受到
政府衛生部門官員的責難。對於在美國境內爆
發由食物導致疾病的控訴，引發了數百萬美元的
損失，並且連帶毀滅了不少企業。「良好農業規
範」認證中一條基本的要求，便是訓練員工遵循
良好的衛生習慣，因為魚菜共生農場中病原體的
最常來源，就是農場內的員工。

**Q：您對我們協會在臺灣如何有效推廣魚菜共生，特
別是商業用魚菜共生系統上，您覺得有什麼需要
優先進行的任務？**

A：就我的經驗而言，對商業用魚菜共生發展的最重
大局限是財務問題，許多很好且有潛力的計畫，
都肇因於財務上的匱乏而停滯不前，這也是為什
麼要避免失敗和消除冒牌魚菜共生業者是如此地
重要。銀行與投資界需要對魚菜共生可以成功，
以及他們的投資不會虧損具有信心，而這信心的
建立需要時間來達成。

魚菜共生協會可以帶領業者進行推廣教育和訓
練，協會可以製作魚菜共生農場教材、宣導訓練
課程、籌劃一日魚菜共生工作坊，並將其當做協
會年會的一部分。協會年會的設計安排，可以包
含提供機會給產業代表和研究者，針對許多不同

主題進行報告，但是不得針對個人商業銷售進行宣傳，而軟硬體供應商可以在當年會結合的商展上進行產品的推銷。

協會可以協助安排實習計畫，讓未來想成為魚菜共生農夫有機會實習、實際動手操作。良好農業規範認證的取得過程，可以當做訓練課程項目之一，協會可以遊說政府提供資金，然後在大學中進行魚菜共生研究，他們可以制定研究優先順序來提升魚共生產業，同時發展推廣文宣，然後發布給餐廳、商店和其他魚菜共生的採購者。

對於擔任義務性質且又得忙於自己工作的協會理事們而言，上面這些活動多少會過於龐雜，如果有可能的話，協會的組織設計應當要有能力招募資金來雇用至少一名全職的工作人員，不然的話，這些懷抱良善美意來參加協會的理事們，也無法負荷這些工作量，最後將漸漸導致協會的運作失去效率，這將是一項挑戰。我誠摯祝福各位以及魚菜共生產業能在臺灣蓬勃發展。

本文圖片由James Rakocy授權「GoGreen.tw」使用照片。

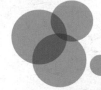

日本魚菜共生株式會社
創辦人Aragon St. Charles
專訪

Q：什麼樣的動機促使您創立日本魚菜共生株式會社？

A：我是在2011年的311大地震發生後，創立了日本魚菜共生株式會社。由於有大片面積的農耕用地和魚類養殖場，都因為海嘯的關係而被海水沖刷殆盡，所以這讓我想到魚菜共生的農業系統，可以成為這些位在日本北方小村莊的一個農漁業生產的替代方案，而這正是為什麼我要成立日本魚菜共生的動力來源。

Q：在日本有和貴公司類似的組織存在嗎？

A：就我所知道，目前在日本是沒有類似的公司組織或團體。（此文章採訪時間是2015年，2017年日本已有數家魚菜共生公司。）

Q：大多數的魚菜共生農場都養殖吳郭魚，您是否建議在魚菜共生系統中養殖高經濟價值的魚種來增加收入？

A：魚隻種類的選擇應該根據特定的氣候條件和市場
需求來決定。吳郭魚在許多地區因為被視為具
有經濟價值的魚隻而被養殖，其原因乃是吳郭魚
的高成長速率，使得養殖者可以相對地在短時間
內，就把吳郭魚飼養到能夠端上餐桌的尺寸；此
外，吳郭魚能夠很有效率地把所攝取的食物轉換
成肌肉，從而降低餵食飼料的成本。然而，魚隻
的選擇應當依據當地定市場的需要以及成本的權
衡來決定。吳郭魚不應當被視為一種入門的魚菜
共生魚種來養殖，反而應該是養殖者自己要先做
研究後，再來決定要飼養什麼魚。

Q：**您對計畫要投入建置商業用魚菜共生農場的人們
有什麼樣的建議？**

A：應當先從小規模的魚菜共生農場開始，並且要做
全面性的研究。一位從事小型園藝的愛好者，
絕對不會認為自己有資格可以操作大型的商業用
農場，然而在魚菜共生的領域中，許多小規模魚
菜共生的養殖者都認為自己似乎可以勝任，並操
作大規模的商業魚菜共生農場。人們把建置商業
用魚菜共生農場，視為一種生活方式或者賴以維
生的選擇是件很棒的事情，但是欠缺足夠的市場
研究和相關技術的知識就貿然進入商業生產的模

式，將會成為一個潛在的災難。

Q：**魚菜共生系統所種植出來的農作物，在日本可以被視為是有機的產品嗎？**

A：我不認為它們可以被視為是有機的農作物。

Q：**就您所知有多少日本人或家庭會固定食用，由魚菜共生系統所產出的農作物？**

A：我恐怕沒有辦法回答這個問題，但可以想像得出來這個數目在日本不會非常大。

Q：**日本政府對魚菜共生的發展是抱持著什麼樣的態度？你們可以從政府獲得任何補助嗎？**

A：魚菜共生目前在日本是一個非常小的生態圈，幾乎沒有任何人從事有意義的研究來證明，魚菜共生是一項新的改良技術。改變雖然正在開始，然而此刻大部分的聚焦還是在高科技的水耕設備，而不是更接近自然種植的魚菜共生。雖然我們有可能拿到政府發放的補助，但截至目前來看，還沒有獲得任何的消息。

Q：**您覺得在日本推廣宣傳魚菜共生的最佳策略是什麼？**

A：日本前進的步伐非常緩慢，得需要很多年的努

力，才能獲得大家對某件事物的認同；日本同時
也是一個大部分家庭的空間狹窄的國家，所以發
展小型可靠的家用魚菜共生系統，將成為未來魚
菜共生在日本大規模成功的基石。

Q：您覺得魚菜共生在日本的發展有什麼樣的挑戰？

A：正如同我前面所說的，空間在日本是一個很大的
問題，幾乎沒有人在自宅中擁有花園，所以任何
一種系統的規模都必須非常得小，可以建置在屋
內或是陽臺上面。當然，這影響了魚菜共生系統
的使用性，以及系統能夠實際生產出來的食物總
量。對於在農村地區和商業用的魚菜共生系統而
言，科技的使用將會非常重要，遠端操控的感應
和自動設備將會對魚菜共生在日本的發展產生助
益，加上結合植物工廠室內模式的經營、LED燈
具的應用以及多層次的系統，都能產生出以最小
的空間創造出最大產能的效果。總之，空間的取
得是魚菜共生在日本發展的最大挑戰。

美國明尼蘇達州雙鰭魚菜共生Twin Fin Aquaponics溫室農場

　　雙鰭魚菜共生（Twin Fin Aquaponics）是由一群位在美國明尼蘇達州雙城分校大學畢業生所創立，透過魚菜共生系統進行蔬菜和鱸魚商業規模產出的公司。由於受制於早期創業資金的不足，該創業團隊選擇在倉庫中搭建系統，而不是在戶外建置溫室。由於場地面積狹小，他們捨棄一般採用植床的方式來種植蔬菜，而是選用廢棄承載日光燈管的溝槽，然後在其中填進介質，再透過來自魚槽的水流來進行循環的硝化作用。因此，植床的擺設便成為由上而下的垂直搭建，如此一來便可利用省下來的空間來放置魚槽和過濾系統，同時亦可確保產出的面積不會縮小。

　　由於系統是搭建在倉庫中，因此該團隊利用空間密閉的環境，引流出部分的循環水進行加溫，從而導出蒸氣排放，藉由此恆溫溼度的環境來同時種植杏鮑菇（Oyster Mushroom）。至於這間公司的產出，則固定銷售給當地的高檔外燴餐飲公司。

　　以下為海外駐點記者，參訪了該公司並與該團隊的主要創辦人進行的訪談內容。

Q：您是如何得到財務上的支援，然後得以建立這座室內恆溫式魚菜共生農場？

A：一開始的起源是來自於明尼蘇達大學2013年所開設的一堂社會經濟學中，有關創業項目的競賽。課堂中的學生得自行研擬創業計畫然後加入競賽，而我們就以魚菜共生的商業用途模式，創立了雙鰭魚菜共生（Twin Fin Aquaponics）公司，參與了這項競賽並得到了獎助學金。我們原先便有5000美元的研究獎學金，再加上這筆參與競賽所得到的獎助學金共約15000美元，而我們就用這些資金在2014年的秋天開始著手建置農場。另外，在申請執照的過程當中，也得到了州政府的支持，因為一開始在進行商業登記時，並沒有太多和魚菜共生相類似的公司項目可以參考，後來州政府官員了解後，便讓我們順利取得執照。

Q：目前這座魚菜共生農場的主要獲利是來自於哪些農作物？

A：目前我們主要獲利的來源是我們所種植的蔬菜，由於本地冬天氣候嚴寒，所以對一座室內的溫室農場而言，我們最大的成本支出是在於控制溫度以及燈光的電力支出上，而這也是為什麼我們要種植杏鮑菇的原因之一，因為杏鮑菇不需要太多光線照射，如此一來便可以減少燈光的使用，然後同時增加種植杏鮑菇的面積，進而增加產能及營收，最後等到有更多獲利之後，再來把室內的照明設備升級，同時擴大農場面積。

至於我們飼養的黃鱸魚，在此階段絕對是我們次要的收入來源。事實上，我們有很多工作夥伴是完全的素食主義者，這也是他們願意支持和推廣魚菜共生的原因之一。因此我們也盡量採取不宰殺的飼養模式，若系統運作允許的話，就讓這些魚在系統當中生活一輩子。

Q：您是如何推廣這座魚菜共生農場？

A：就一般大眾而言，很多是透過網路社群媒體得知我們的存在，然後與我們接洽並進行互動。透過社群媒體，我們可以發現或是歸納出哪些人喜歡或是對魚菜共生這種可以改變食物的新生產方式

感到興趣，有些人前來參觀或是和我們洽談合作
的事宜，譬如有人想要把自己現有的倉庫擴建來
容納魚菜共生系統，於是便透過網路社群媒體和
我們連繫。基本上我們沒有刻意去做宣傳，大部
分都是憑藉網路社群媒體的分享和再分享，以及
學校教授們在課堂或會議上的口耳相傳。

Q：目前農場中是飼養何種魚隻？

A：我們目前是飼養黃鱸魚，這和大多數一般魚菜共
生系統飼養吳郭魚有些不同。當初這個決策的形
成，是因為我們先詢問了本地的餐廳廚師，進而
得知販售給餐廳的吳郭魚售價非常便宜，如果用
魚菜共生系統來飼養吳郭魚，可能在利潤上無法
取得競爭優勢，因此我們最後選擇飼養黃鱸魚。
黃鱸魚在這裡是屬於本地魚種，也深受消費者喜
愛。當然，飼養黃鱸魚也有其挑戰性，因為和吳
郭魚相較，黃鱸魚是屬於肉食類魚種，飼料成本
上可能較高。此外，在離這座農場約半英里的地
方，有一家餐廳計畫來收購我們所有的產出，包
括所有的蔬菜和魚隻，因為這家餐廳的菜單有提
供現炸鮮魚的菜色，所以對魚類有一定的需求存
在。再者，為確保魚飼料來源的安全性，以及整
套魚菜共生系統的有機性，我們也嘗試要自行培

育昆蟲來做為魚類飼料的來源。

Q：您覺得目前魚菜共生面臨到哪些挑戰和問題？目前很多人談到，許多插著魚菜共生旗幟的農場，卻用添加化學營養液、肥料等栽種水耕的方式來養殖，這對魚菜共生農場的形象和前景帶來不少傷害，您個人對此議題有何看法？

A：由於我們位處的緯度在一年當中至少有六個月是寒冬的狀態，所以確保能在當地的室內進行食物來源的供給是極為重要的事情；換言之，也就是食物來源的供給必須要在地化，擺脫仰賴南方外州的供應。另外，食物來源的栽種必須要有機化，所以我們極力強調，所有對系統的外來添加物都必須是有機性質，不可施放任何化學物質在系統當中。

　　至於魚菜共生所面臨的挑戰，我們希望能夠把我們現有的這套中小型的魚菜共生系統更推廣到一般家庭、餐廳或是學校當中，讓大家對這套新的食物系統有更多的認識，使得魚菜共生益加普及化與深入化。在當地所看到的大型商業用魚菜共生農場，比較少談論到環境永續發展的議題，多半只談論水資源保護的話題，而忽略了魚菜共生對社會經濟層面的影響和貢獻，所以我們有個理想，便是要

讓大眾不僅知道魚菜共生可以讓我們在食物上的取得有更多安全性，同時也促使魚菜共生的發展更加透明化，以便讓更多的人能夠共同來參與，對環境的永續發展有更多的助益。

甘地瑪哈印度菜餐廳
把農場拉到餐桌旁的饗宴

　　位在美國明尼蘇達州首府明尼阿波里市近郊的甘地瑪哈（Gandhi Mahal）印度菜餐廳，不僅提供道地美味的印度北方咖哩菜，同時也把魚菜共生農場帶入餐廳中，讓顧客可以親眼見到餐桌上的咖哩香料與時蔬來自何處。

　　在訪談的過程中，餐廳的創辦人Ruhel表示，移民至美國後，他便著手計畫開設一家可以滿足當地印度移民思念家鄉菜，又可以和美國顧客分享道地印度菜的餐廳。然而，在美國的都市開設餐廳，無法像在他的故鄉一樣，能在餐廳外頭或者徒步可到之處，摘取到他想使用的香料和新鮮的蔬菜。Ruhel堅信，一道

　　成功的料理，最基本的要求就是食材一定要新鮮，且
不需要花費太多時間與金錢在食材的運送上，而間接
地製造大量的碳足跡。

　　為了實現他對於食材嚴選的自我要求，經過多方研
究和與農業的專家諮詢後，Ruhel決定將魚菜共生系
統搭建在餐廳的地下室，而廚房與用餐的座位則擺置
在一樓。由於明尼蘇達州一年有六個月的平均溫度低
於攝氏20度以下，冬天時會下降到攝氏零下25度甚至
更低，所以初期的設想，便是把蔬菜的種植和魚隻的
養殖都一起搭建在地下室，再透過空調與室內照明來
維持系統的運作。而最終的目標則是在頂樓搭建恆溫
控制的溫室，來種植餐廳菜單上需要的蔬菜和香料，
而地下室則是專職飼養魚隻，然後透過高乘載馬達讓

水在頂樓與地下室之間反覆循環。畢竟，自然的陽光可以充分提供給植物生長所需的照明，其功能是無法被室內照明所取代。

開業一年後，餐廳的管理階層已經可以歸納出哪些植物特別喜愛這個系統所創造出的環境，而廚師們也很樂意在樓層間跑上跑下，摘取不同的蔬菜與香料來做實驗，以期設計出最吸引人的菜單。相較之下，這比給供應商打電話或上網來訂購菜種更有效率且實惠。

事實上，結合魚菜共生系統的餐廳不僅出現在美國中西部，在美國東岸的紐約州及西岸的加州，也都已經陸續出現這類型的餐廳，因為這是實踐蔬菜種植在地化，減少遠程運輸帶來碳足跡的最佳農業生產模式。以推廣魚菜共生農法的角度而言，這類結合魚菜共生的餐廳是最有效率且親民的推廣方式，因為消費者不僅可以親眼看到餐桌上的佳餚是來自何處，而且同時能有機會品嘗用這些新鮮食材所烹調出的美食。

威斯康辛州的魚菜共生發展 Clean Fresh Food

　　Clean Fresh Food是美國威斯康辛州（Wisconsin）最具代表性的魚菜共生農場之一。2010年創辦人買下了原址為有機酪農場的場址之後，便開始在原有的有機土壤與設施上，改造和搭建魚菜共生農場所需的溫室設備。短短的幾年間，該農場所種植的蔬菜、香料和尼羅河魚，已經可以成為該州數家超級市場、醫院、餐廳以及大學學生食堂的食材來源。特地走訪位在該州有100年歷史的連鎖超市Metcafe's，便在超市中販賣有機蔬果的專區中，發現了一整排的魚菜共生產品，包裝明亮價格且具競爭力。這充分說明了，魚菜共生的都市型農業模式，已經獲得重視新鮮食材來源的消費者注意與喜愛。

〔附錄〕中華民國魚菜共生推廣協會介紹

　　由於土壤汙染和鹽化、水資源缺乏、極端氣候變遷的衝擊、加上部分人不當濫用農藥與肥料，傳統農漁業正面臨潛在的困境。因此「魚菜共生」（Aquaponics）這個在國外已推行多年的農法，這幾年以來受到國內許多有志之士的殷切討論和實踐。

　　「魚菜共生」乃結合水產養殖和水耕的複合式類自然生態的農法，可以達到無需排放或添加化學肥料，所以是個對環境非常友善且可以永續經營的農法。它可以在桌上或陽臺，在院子或屋頂，在社區或農地施行。因此可以大幅縮短食物里程。

　　為了「魚菜共生」的推廣和健全發展，臺灣的「魚菜共生」先驅陳登陽老師，與養殖博士陳瑤湖教授、農化博士楊盛行教授、中醫家庭醫學醫學會理事長賴榮年博士、農化博士劉清標教授、生物科技博士吳慧中副教授、健康休閒管理系熊明禮系主任、建築景觀系李麗雪博士等學者；再加上北大魚菜共生農場、城田魚菜共生農場、捨得魚菜共生農場、觀音養耕共生實驗農場、AP魚菜共生分享團蔡坤良團長、洪奉德、黃昶立、林琨堯等國內各大魚菜共生業及業餘同好，共同籌組中華民國魚菜共生推廣協會。

　　魚菜共生近年來在協會的積極推廣下，愈來愈受到各界的重視。協會除了受邀參加各大農業、生態相關展覽的展出外，也不定期在全臺各地舉辦魚菜共生講座與農場參訪活動，讓更多的民眾有清楚認識魚菜共生的機會。協會也受邀到全臺各級學校介紹魚菜共生，讓這個優良的農法可以向下扎根。協會將秉持推廣的理念，提供學術單位在魚菜共生研究方面的協助。

　　協會在2016年一月份，推動魚菜共生農場基礎認證辦法。基礎認證辦法主要是依據聯合國農糧組織（FAO）所訂定的「永續發展原則」的精神，以及國際上對於魚菜共生（Aquaponics）所共同認知和遵守的做法：魚菜共生在產出健康無毒蔬果的同時，肩負著對環保和永續農業的責任。我們相信透過此基礎認證，可以強化消費者對於魚菜共生產品的信任，同時也可鼓勵會員農場遵循嚴謹的做法，方能與國際接軌創造更大的商機。歡迎全國各地商業型的魚菜共生農場，積極參與認證，共同為臺灣魚菜共生產業的健全發展盡點心力。（魚菜共生認證作業標準辦法如下，請參閱。）

中華民國魚菜共生推廣協會
魚菜共生認證作業標準參考

1.系統設計和組件

系統形式和配置：

・介質床

・筏式床

・養液膜薄式（NFT）

・垂直栽培或其他

確保Aquaponics系統有執行下列功能，如：

・生物過濾設計

・處理魚的固體廢棄物

・水循環

・通風

・曝氣

2.設施的使用材料與介質的種類

・允許：農場的魚菜共生系統須使用安全的材料進行建構，安全的材料保障魚類，植物，消費者，或生產者的健康。

3.水源

　　水質是任何魚菜共生系統操作的重要元件之一。生產者採取必要措施，確保所有進入的水是乾淨和安全的。

4.監測

　　生產者需定期監控各種指標，包括水的溫度，pH值，氨，亞硝酸鹽，硝酸鹽，和溶氧。並登錄於農場日誌。

5.調節pH值使用添加物

　　生產者可依需要添加適當的物質，來維持pH值的平衡。維持穩定的pH值，對於植物和魚的健康非常重要。

6.廢物利用和處理

　　鼓勵生產者減少浪費，廢棄物再利用。任何再利用，回收或堆肥或其他方式必須符合當地法規。

7.作物生產和管理

- ‧種子來源和菜苗來源
- ‧植物營養素
- ‧病蟲害防治

8.魚種管理

　　魚是魚菜共生系統的一個基本元素，因此魚的管理非常重要。

- ·魚類
- ·魚類性別選擇
- ·魚類資源
- ·魚飼料
- ·魚類健康

9. 農場位置和緩衝區

　　農場經營者必須防護農場避免被其他的來源污染，農場位置需與其他農場間有適當的緩衝區，以減少鄰近農田的農藥污染的。

10.能源

　　鼓勵生產者不斷地評估農場設計與做法，研究如何在減少能源的使用，能源可以更有效的利用，鼓勵使用再生能源取代。

---

*因篇幅有限，只羅列認證作業標準大綱。詳細認證標準全文請參考 http://www.tapa.org.tw/?page_id=407

〔附錄〕 魚菜共生全球網站資訊

國內相關網站介紹

中華民國魚菜
共生推廣協會

中華民國魚菜共生
推廣協會 粉絲頁

GoGreen.tw

魚菜一家

魚菜一家部落格

AP魚菜共生分享團

阿德的魚菜共生

水耕、魚菜共生、魚類養殖、農資
材料、植物工廠、水耕農產品、相
關資材、相關課程、廣告分享團

David 魚菜共生系統
一經典園藝

翊豐健康魚菜共生農場

捨得生活
一魚菜共生實驗農場

庭溪魚菜共生農場

城田魚菜共生
健康農場

山姆田
一魚菜共生農場

永續生態養殖農業
一貫軍魚菜共生

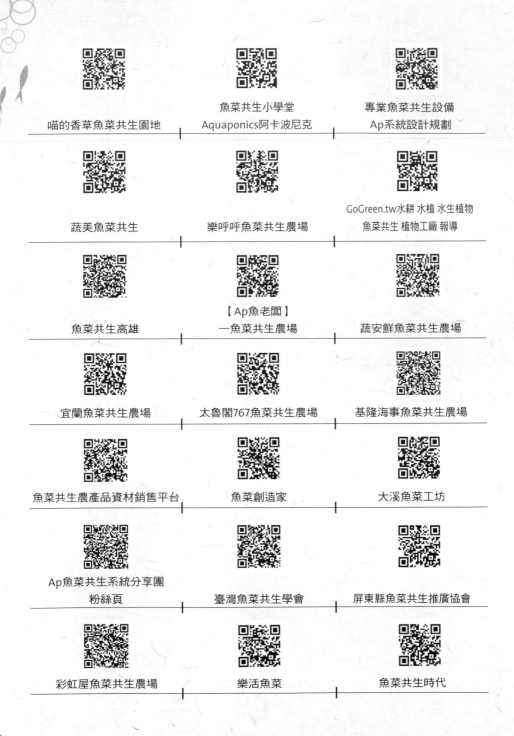

喵的香草魚菜共生園地

魚菜共生小學堂
Aquaponics阿卡波尼克

專業魚菜共生設備
Ap系統設計規劃

蔬美魚菜共生

樂呼呼魚菜共生農場

GoGreen.tw水耕 水植 水生植物
魚菜共生 植物工廠 報導

魚菜共生高雄

【Ap魚老闆】
一魚菜共生農場

蔬安鮮魚菜共生農場

宜蘭魚菜共生農場

太魯閣767魚菜共生農場

基隆海事魚菜共生農場

魚菜共生農產品資材銷售平台

魚菜創造家

大溪魚菜工坊

Ap魚菜共生系統分享團
粉絲頁

臺灣魚菜共生學會

屏東縣魚菜共生推廣協會

彩虹屋魚菜共生農場

樂活魚菜

魚菜共生時代

國外相關網站介紹

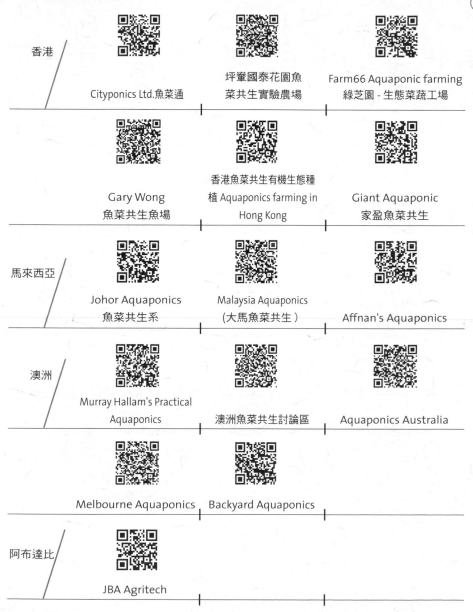

香港

Cityponics Ltd.魚菜通

坪輋國泰花園魚
菜共生實驗農場

Farm66 Aquaponic farming
綠芝園 - 生態菜蔬工場

Gary Wong
魚菜共生魚場

香港魚菜共生有機生態種
植 Aquaponics farming in
Hong Kong

Giant Aquaponic
家盈魚菜共生

馬來西亞

Johor Aquaponics
魚菜共生系

Malaysia Aquaponics
（大馬魚菜共生）

Affnan's Aquaponics

澳洲

Murray Hallam's Practical
Aquaponics

澳洲魚菜共生討論區

Aquaponics Australia

Melbourne Aquaponics

Backyard Aquaponics

阿布達比

JBA Agritech

美國　The Aquaponic Source　Aquaponics No Ka 'Oi　The Aquaponics Doctors

The Aquaponic Gardening Community　The Aquaponic Source　Green Acre Aquaponics

FarmedHere　KP Simply Fresh

英國　Bioaqua Farm　GrowUp　British Aquaponic Association

德國　ECF Aquaponik Farmen　歐盟　歐盟魚菜共生HUB

瑞士　ecco-jaeger

日本　アクアポニックス 日本　BrioAquaponics Japan

以上各網站之詳細網址，可參考以下連結 http://ap.2u.net.tw/links/

262

〔附錄〕臺灣魚菜共生開放農場

北部

農場名稱	林口「魚菜一家」魚菜共生展示農場
農場簡介	2014年4月設立，是目前推廣型農場中最具指標性的農場。由臺灣魚菜共生先驅陳登陽老師創立。提供農場參觀、教學、諮詢顧問、資材販售、農場建置、生菜銷售等服務，並免費提供一棟30坪網室空間給各界人士辦活動。（需先預約，農場保有接受與否的權利）
農場網址	Facebook　　　　Line　　　　網站
收費方式	請參考農場粉絲頁或洽農場連絡人
農場連絡電話	0933-701-899 謝小姐
農場開放時間	每週六10:30~16:00／非假日接受團體參訪預約
農場地址	新北市林口區湖北里湖子11號（文化一路和中華路交叉點）
營業項目	參觀、教學、DIY、耗材販售、農產品銷售、整場輸出

農場名稱	半畝田魚菜共生實驗農場
農場簡介	魚菜共生農法的實驗、印證、改良、修正實驗農場。
農場網址	Facebook
收費方式	100元
農場連絡電話	0932-024-490鄭先生
農場開放時間	需事先預約
農場地址	臺北市士林區延平北路九段167號
營業項目	教學、DIY、耗材販售、農產品銷售

農場名稱	北大魚菜共生實驗農場
農場簡介	北大魚菜共生農場本著服務和推廣的精神持續生產。
農場網址	Facebook　　　　Line　　　　網站
收費方式	參觀費每人100元，上課每人600元
農場連絡電話	0930039537 莊先生
農場開放時間	09:00~18:00 需事先預約
農場地址	新北市樹林區柑園街一段209號直走到底左轉溫室
營業項目	參觀、教學、DIY、耗材販售、農產品銷售

農場名稱	城田魚菜共生健康農場
農場簡介	「城田」代表了生活方式的交流與價值取向的選擇，在「城」裡，人們汲汲營營追求成功，土地空間生存環境極度失衡。 在「田」裡，身心處於平等均衡狀態，人與自然和諧共生良性發展。 城田推廣魚菜共生的自然農法，提倡從城市回歸田園，啟動一場身心靈反璞歸真的自我探索旅程。無論您是帶著什麼樣的心情故事而來，城田願意用心傾聽，在這片香草天空下，伴您體驗健康快樂綠生活的理念。「城田蒸Q麵」以天然食材用時間換來熟成的滋味，挑動的不僅是滑舌尖而過的短暫刺激， 更讓內心渴慕逐水草而居的原始情懷， 在這趟旅程中蔓延發酵，進而實現於日常生活中，伴您重新食回健康人生。
農場網址	Facebook　　　　網站
收費方式	詳見粉絲專頁
農場連絡電話	02-86471358
農場開放時間	無對外開放參觀、不定期舉辦活動課程請預約聯絡
農場地址	新北市樹林區柑園街二段363巷7號對面
營業項目	教學、DIY、耗材販售、農產品銷售、農產加工食品

農場名稱	大溪魚菜工坊
農場簡介	大溪魚菜工坊為了解決消費者食的疑慮，因此選擇採用魚菜共生技術，做為大溪魚菜工坊生產魚類及蔬菜的主要養殖方式，魚菜共生技術的主要優點就是乾淨、無毒，新鮮。本農場備有無菜單料理餐廳，可預約提供餐飲服務。
農場網址	Facebook
收費方式	小學生以下50元，全票100元（可抵消費）
農場連絡電話	0935-109-131 張先生
農場開放時間	10:00-17:00，參觀或用餐請先預約
農場地址	桃園市大溪區瑞仁路290巷196弄13-1號
營業項目	參觀、教學、DIY、農產品銷售

農場名稱	小叮噹科學主題樂園「魚菜星球」
農場簡介	小叮噹科學主題樂園「魚菜星球」和參與課程學員一起關注「環境議題」落實愛地球行動，並設置太陽能發電為農場動力源，把綠能與魚菜共生結合運用在系統建置中，強化環境教育能量進而將愛地球的行動落實到日常生活中。
農場網址	Facebook　　　　　網站
收費方式	【個人】全票500元/學童票400元 【團體30人以上預約】全票450元/學童票360元
農場連絡電話	03-5592132
農場開放時間	08:30~17:00
農場地址	新竹縣新豐鄉松柏村康和路199號
營業項目	參觀、教學

中部

農場名稱	蔬安鮮農場
農場簡介	目前臺灣食安風暴層出不窮，踏進市場疑慮到底還有什麼食物是可以安心給人吃的，尤其食品生產業者必須為消費者把關食材上的健康和安全。蔬安鮮農場主要以複合養殖技術提供綜合蔬果生產，嚴格遵守在地生產，不使用農藥和SGS產品檢驗嚴格把關蔬果品質，另提供複合養殖技術推廣課程，期待更多青年返鄉一起加入我們行列。蔬安鮮農場秉持蔬活、安心、新鮮為品牌三大主旨，無農藥、無重金屬、低硝酸鹽為消費者把關食材上的安全，蔬安鮮農場關心您的健康，在乎臺灣的未來。
農場網址	Facebook　　　　　網站
收費方式	飲品抵消費
農場連絡電話	0911-972-559 江先生
農場開放時間	10:00~17:00
農場地址	臺中市霧峰區坑口里和平路2-2號光復新村
營業項目	參觀、教學、DIY、耗材販售、農產品銷售

南部

農場名稱	阿德的魚菜共生
農場簡介	家庭魚菜共生系統，在一個約15坪的舊工廠，打造一個有魚有菜的園地，降低上市場買菜的次數。
農場網址	Facebook
收費方式	小額收費
農場連絡電話	請於粉絲頁私訊聯絡
農場開放時間	需事先預約
農場地址	臺南市安南區安和路四段
營業項目	參觀

南部

農場名稱	魚菜香草同樂
農場簡介	「魚菜香草同樂」是一座鄰近澄清湖、藏於社區中的魚菜共生推廣農場，以自身庭園景觀、錦鯉養殖專業背景，揉合魚菜共生及香草植物，展示外美、內實在的美感魚菜共生系統。
農場網址	Facebook　　　Line　　　網站
收費方式	詳見粉絲專頁
農場連絡電話	07-731-3733
農場開放時間	需事先預約 10：00~12：00、14：00~16：00
農場地址	高雄市仁武區澄新四街28號
營業項目	參觀、教學、DIY、耗材販售、農產品銷售

致謝

感謝下列朋友協助本書完成（依筆畫順序）

James Rakocy　　丁科元　　王甫元　　王美麗　　王富媛　　王湞元

吳玉華　吳明煜　林育德　林芷羽　邱錦和　洪奉德　陳女快

陳慶賢　陳懸弧　陳懸湖　曾景漢　黃振瑋　蔡坤良　謝惠英

簡淑惠　簡清河

國家圖書館出版品預行編目資料

魚菜共生——打造零汙染的永續農法及居家菜園
　／陳登陽・林琨堯・黃昶立著. --初版.--台中市:
晨星, 2017.10
　264面 ;公分. --（自然生活家；031）

　ISBN　978-986-443-349-0
　1.永續農業 2.有機農業 3.蔬菜 4.栽培 5.養魚

　430.13　　　　　　　　　106016456

自然生活家031

魚菜共生──打造零汙染的永續農法及居家菜園

作　　者	陳登陽・林琨堯・黃昶立
主　　編	徐惠雅
美術編輯	林恒如
封面設計	黃聖文

創 辦 人	陳銘民
發 行 所	晨星出版有限公司
	407台中市西屯區工業30路1號1樓
	TEL：04-23595820　FAX：04-23550581
	行政院新聞局局版台業字第2500號
法律顧問	陳思成律師
初　　版	西元2017年10月10日
	西元2022年03月31日（四刷）

讀者服務專線	TEL：02-23672044 / 04-23595819#212
	FAX：02-23635741 / 04-23595493
	E-mail：service@morningstar.com.tw
網路書店	http：//www.morningstar.com.tw
郵政劃撥	15060393（知己圖書股份有限公司）

印　　刷	上好印刷股份有限公司

定價 450 元

ISBN 978-986-443-349-0
Published by Morning Star Publishing Inc.
Printed in Taiwan
版權所有 翻印必究
（如有缺頁或破損，請寄回更換）

以下資料或許太過繁瑣，但卻是我們了解您的唯一途徑，

誠摯期待能與您在下一本書中相逢，讓我們一起從閱讀中尋找樂趣吧！

姓名：＿＿＿＿＿＿＿＿＿　　性別：□ 男 □ 女　　生日：　　　／　　　　／

教育程度：＿＿＿＿＿＿＿＿

職業：□ 學生　　　　　□ 教師　　　　　□ 內勤職員　　　□ 家庭主婦
　　　□ 企業主管　　　□ 服務業　　　　□ 製造業　　　　□ 醫藥護理
　　　□ 軍警　　　　　□ 資訊業　　　　□ 銷售業務　　　□ 其他＿＿＿＿＿＿＿＿

E-mail：＿＿＿＿＿＿＿＿＿＿＿＿＿＿＿　　聯絡電話：＿＿＿＿＿＿＿＿＿＿＿＿

聯絡地址：□□□＿＿＿＿＿＿＿＿＿＿＿＿＿＿＿＿＿＿＿＿＿＿＿＿＿＿＿＿

購買書名：魚菜共生——打造零汙染的永續農法及居家菜園

・誘使您購買此書的原因？

□ 於 ＿＿＿＿＿＿ 書店尋找新知時　□ 看 ＿＿＿＿＿＿ 報時瞄到　□ 受海報或文案吸引

□ 翻閱 ＿＿＿＿＿ 雜誌時　□ 親朋好友拍胸脯保證　□ ＿＿＿＿＿＿ 電台DJ熱情推薦

□電子報的新書資訊看起來很有趣　□對晨星自然FB的分享有興趣　□瀏覽晨星網站時看到的

□ 其他編輯萬萬想不到的過程：＿＿＿＿＿＿＿＿＿＿＿＿＿＿＿＿＿＿＿＿＿＿

・本書中最吸引您的是哪一篇文章或哪一段話呢？＿＿＿＿＿＿＿＿＿＿＿＿＿＿＿＿

・對於本書的評分？（請填代號：1.很滿意 2.ok啦！ 3.尚可 4.需改進）

□ 封面設計＿＿＿＿＿　□尺寸規格＿＿＿＿＿　□版面編排＿＿＿＿＿　□字體大小＿＿＿＿

□內容＿＿＿＿＿　　□文／譯筆＿＿＿＿＿　□其他＿＿＿＿＿

・下列出版品中，哪個題材最能引起您的興趣呢？

台灣自然圖鑑：□植物 □哺乳類 □魚類 □鳥類 □蝴蝶 □昆蟲 □爬蟲類 □其他＿＿＿＿＿

飼養＆觀察：□植物 □哺乳類 □魚類 □鳥類 □蝴蝶 □昆蟲 □爬蟲類 □其他＿＿＿＿＿

台灣地圖：□自然 □昆蟲 □兩棲動物 □地形 □人文 □其他＿＿＿＿＿

自然公園：□自然文學 □環境關懷 □環境議題 □自然觀點 □人物傳記 □其他＿＿＿＿＿

生態館：□植物生態 □動物生態 □生態攝影 □地形景觀 □其他＿＿＿＿＿

台灣原住民文學：□史地 □傳記 □宗教祭典 □文化 □傳說 □音樂 □其他＿＿＿＿＿

自然生活家：□自然風DIY手作 □登山 □園藝 □觀星 □其他＿＿＿＿＿

・除上述系列外，您還希望編輯們規畫哪些和自然人文題材有關的書籍呢？＿＿＿＿＿＿＿

・您最常到哪個通路購買書籍呢？□博客來 □誠品書店 □金石堂 □其他＿＿＿＿

很高興您選擇了晨星出版社，陪伴您一同享受閱讀及學習的樂趣。只要您將此回函郵寄回本

社，我們將不定期提供最新的出版及優惠訊息給您，謝謝！

若行有餘力，也請不吝賜教，好讓我們可以出版更多更好的書！

・其他意見：＿＿＿＿＿＿＿＿＿＿＿＿＿＿＿＿＿＿＿＿＿＿＿＿＿＿＿＿＿＿＿

晨星出版有限公司 編輯群，感謝您！